Josef W. Seifert

30 Minuten

Moderieren

W0181250

© 2014 SAT.1 www.sat1.de Lizenz durch ProSiebenSat.1
Licensing GmbH, www.prosiebensat1licensing.com

Bibliografische Information der Deutschen Nationalbibliothek

Die Deutsche Nationalbibliothek verzeichnet diese Publikation in der
Deutschen Nationalbibliografie; detaillierte bibliografische Daten
sind im Internet über http://dnb.d-nb.de abrufbar.

Umschlaggestaltung: die imprimatur, Hainburg
Umschlagkonzept: Martin Zech Design, Bremen
Lektorat: Susanne von Ahn
Satz: Zerosoft, Timisoara (Rumänien)
Druck und Verarbeitung: Salzland Druck, Staßfurt

© 2000 GABAL Verlag GmbH, Offenbach
10. Auflage 2014

Hinweis:
Das Buch ist sorgfältig erarbeitet worden. Dennoch erfolgen alle
Angaben ohne Gewähr. Weder Autor noch Verlag können für
eventuelle Nachteile oder Schäden, die aus den im Buch gemach-
ten Hinweisen resultieren, eine Haftung übernehmen.

Printed in Germany

ISBN 978-3-86936-297-7

In 30 Minuten wissen Sie mehr!

Dieses Buch ist so konzipiert, dass Sie in kurzer Zeit prägnante und fundierte Informationen aufnehmen können. Mithilfe eines Leitsystems werden Sie durch das Buch geführt. Es erlaubt Ihnen, innerhalb Ihres persönlichen Zeitkontingents (von 10 bis 30 Minuten) das Wesentliche zu erfassen.

Kurze Lesezeit
In 30 Minuten können Sie das ganze Buch lesen. Wenn Sie weniger Zeit haben, lesen Sie gezielt nur die Stellen, die für Sie wichtige Informationen beinhalten.

- Alle wichtigen Informationen sind blau gedruckt.

- Schlüsselfragen mit Seitenverweisen zu Beginn eines jeden Kapitels erlauben eine schnelle Orientierung: Sie blättern direkt auf die Seite, die Ihre Wissenslücke schließt.

- *Zahlreiche Zusammenfassungen innerhalb der Kapitel erlauben das schnelle Querlesen.*

- Ein Fast Reader am Ende des Buches fasst alle wichtigen Aspekte zusammen.

- Ein Register erleichtert das Nachschlagen.

Inhalt

Vorwort

Moderation und Moderator sind heute geläufige Begriffe: Im Fernsehen, im Rundfunk, in Veranstaltungen – überall wird moderiert. Auch im betrieblichen Alltag hat Moderation Einzug gehalten.

Einsatz von Moderation

Moderation ist immer dann erforderlich, wenn ein Gespräch mehr sein soll als reine Unterhaltung, bei der es eher um das Gespräch als solches geht und weniger darum, konkrete Inhalte zu erarbeiten. Bei zielorientierten Gesprächen, wie etwa Problemlöseprozessen, ist ein Moderator als Prozessgestalter erforderlich, zumindest aber äußerst hilfreich. Der Moderator ist dabei Spezialist für Methodik und Prozesssteuerung. Seine Aufgabe ist es, das Miteinander der Gruppe zu steuern, das heißt der Gruppe zu helfen, arbeitsfähig zu werden und zu bleiben. Dies kann er dadurch erreichen, dass er einerseits methodisch „sauber" arbeitet und andererseits den emotionalen Prozess der Gruppe gekonnt lenkt.

Erfolgreich war eine Moderation immer dann, wenn nach der Zusammenkunft alle Beteiligten mit den Ergebnissen „leben können".

Gutes Moderieren ist erlernbar!

Moderation als das Hilfsmittel zur Strukturierung von Gruppengesprächen ist für die Durchführung von

Workshops und Teambesprechungen längst nicht mehr wegzudenken. Als Vorgesetzter, Projektkoordinator oder Mitarbeiter in einem Team kommen Sie nicht selten in die Lage, eine Gruppe moderieren zu müssen. Dieses Buch zeigt Ihnen in kurzer, prägnanter Form, wie Sie sich auf diese Situation vorbereiten, wie Sie den Ablauf einer Moderation gestalten und dabei die emotionale Seite des Geschehens berücksichtigen.

Erläuterungen der wichtigsten Techniken und Methoden sowie Hinweise zum erfolgreichen Medieneinsatz bieten Ihnen weitere Hilfestellung.

Ich wünsche Ihnen viel Freude bei der Lektüre und ebenso viel Erfolg für die Umsetzung der Inhalte in Ihre persönliche Praxis!

Ihr Josef W. Seifert

Josef W. Seifert
Langenbrucker Straße 4
D-85309 Pörnbach/Puch
Tel.: 0 84 46-9 20 30
Fax: 0 84 46-9 20 333
E-Mail: josef.seifert@moderatio.com
Web: www.moderatio.com

P.S.: Wenn Sie weitere Fragen zu diesem Thema haben, schreiben Sie mir oder rufen Sie mich einfach an.

30 MINUTEN

1. Moderation: Was es ist und worauf es ankommt

Gesprächssituationen in Form persönlicher Begegnungen sind trotz modernster Kommunikationstechnik aus unserem (beruflichen) Leben nicht wegzudenken. Vieles lässt sich schriftlich, per Boten oder „per Kabel" übermitteln, vieles aber lässt sich nur im persönlichen Gespräch klären.

Besprechungen

Eine spezielle Gesprächssituation ist dabei die der Besprechung, Sitzung, Konferenz, des Meetings, des Workshops... oder allgemeiner ausgedrückt, die des Gruppengesprächs.

Gruppengespräche sind dadurch gekennzeichnet, dass eine Gruppe von Menschen zusammensitzt und Informationen austauscht. Meist geht es darum, gemeinsam Probleme zu bereden und zu lösen. In aller Regel wird das Gespräch von einem Leiter oder Moderator strukturiert. Häufig wenig effizient.

Wieso ist das so? Oder besser: Worauf kommt es an? Was hilft, Gruppengespräche effizient und befriedigend zu gestalten?

1.1 Moderation: Was es ist

Der Begriff Moderation kommt vom lateinischen „moderatio" und steht für „die Mitte finden", „das rechte Maß" und „Mäßigung", aber auch für „Lenkung". Und dies ist es auch, was den Bedeutungskern heute ausmacht. Moderation steht für „Gestaltung eines Kommunikationsprozesses als (im Idealfalle) neutraler Dritter".

Wann „Mäßigung" notwendig ist

Zwischenmenschliche Kommunikation gestaltet sich ja relativ einfach, wenn nur einer „das Sagen" und die Macht hat, sich durchzusetzen. Wenn es aber darauf ankommt, im Team zu arbeiten, Betroffene zu Beteiligten zu machen, das Know-how von Mitarbeitern zu aktivieren und zu nutzen, drohen anstrengende Gruppengespräche. Anstrengend deshalb, weil es in den Gesprächen darauf ankommt, alle Beteiligten in die Meinungs- und Willensbildung einzubeziehen. Jeder muss sich einbringen können, muss zu Beschlüssen gefragt werden. Hier sind wir auch schon beim Problem: Je stärker sich der Einzelne einbringt, je „hitziger" die Diskussion wird, desto weniger ist er in der Lage, Interessen abzuwägen, (sich) zu mäßigen, (sich) zu moderieren.

Der Moderator hilft, „die Mitte zu finden"

Ein Gruppengespräch bedarf deshalb einer Person, die hilft, „die Mitte zu finden", „auf das rechte Maß" zu achten und die „mäßigend" wirkt, kurz, die sich der Moderation der Gruppe annimmt. Ein Gruppengespräch bedarf eines Leiters/Moderators.

Dieser muss – um der Gruppe hilfreich sein zu können – sowohl Methoden zur Strukturierung der Sacharbeit als auch Techniken zur Steuerung des sozialen Gruppenprozesses kennen und einsetzen können.

Moderation kommt vom lateinischen „moderatio". Der Begriff wird heute verwandt für eine spezielle Art, Gruppengespräche zu leiten. Es kommt dabei darauf an, die Gruppe sowohl in der Sacharbeit als auch im emotionalen Miteinander „neutral" zu leiten.

1.2 Der Moderator

Der Moderator ist der Leiter eines Gruppengesprächs. Sein Stil, die Gruppe zu leiten, ist durch die skizzierte Grundhaltung gekennzeichnet, die er innehat, weil er als „neutraler Dritter" die Leitung des Gesprächs übernommen hat, oder um die er sich als „inhaltlich Beteiligter" bemühen muss.

Helfer der Gruppe

Er versteht sich als Helfer, um nicht zu sagen Diener der Gruppe. Aus diesem Grundverständnis heraus sagt er nicht, was (aus seiner Sicht) inhaltlich richtig oder falsch, zu tun oder zu unterlassen ist, sondern hilft der

Gruppe, eigenverantwortlich zu arbeiten, das heißt, die Lösungen für ihre Fragen oder Probleme selbst zu finden und gegebenenfalls geeignete Maßnahmen zur Problemlösung zu beschließen. Besonders wichtig ist dabei, dass alle gehört und berücksichtigt werden, dass niemand die Gruppe inhaltlich dominiert – auch (oder vor allem) nicht der Moderator selbst.

Oberstes Gebot: Neutralität in der Sache

Als Moderator müssen Sie sich (aus genannten Gründen) um eine inhaltlich neutrale Haltung bemühen. Neutral sein bedeutet:

- bewusst nicht Partei zu ergreifen
- keine der geäußerten Meinungen zu seiner eigenen zu machen
- alle Nennungen und Personen gleichermaßen gelten zu lassen
- Teilnehmerbeiträge weder zu kommentieren noch zu bewerten
- keinem Recht oder Unrecht zu geben
- keine Nennung als richtig oder falsch, schlecht oder gut zu deklarieren.

Um Ihrem Anspruch an Neutralität gerecht zu werden, leiten Sie die einzelnen Arbeitsschritte durch präzise formulierte und visualisierte Fragen ein und führen die Gruppe auch im weiteren Verlauf vor allem durch Fragen (siehe Seite 69). Sie sind dabei Methodenspezialist, aber nicht inhaltlicher Experte.

Wenn irgend möglich: Zu zweit moderieren

Die Moderation im Team ermöglicht es, die Aufgaben des Moderators aufzuteilen. Einer leitet beispielsweise die Diskussion, während der andere die Teilnehmerbeiträge auf einer Pinnwand (siehe Seite 82) oder einem Flipchart (siehe Seite 83) visualisiert. Dies erleichtert sowohl die inhaltliche und methodische Arbeit als auch die Konzentration auf das Gruppengeschehen.

Die Gefahr, Partei für Meinungen oder Personen zu ergreifen, ist im Zweierteam deutlich geringer, weil sich die Moderatoren gegenseitig kontrollieren und gegebenenfalls „zurückholen" können. Zudem wirken zwei Moderatoren belebend auf die Gruppe, zumal wenn sie sich in ihrer persönlichen Art ergänzen.

Schwierige Moderationen, wie etwa die Moderation großer Gruppen oder konfliktträchtiger Themen, sollten Sie auf jeden Fall im Team durchführen. Hierbei sind eine gründliche Vorbereitung und die gegenseitige Abstimmung des Vorgehens besonders wichtig.

Sich seiner Wirkung bewusst sein

Da man sich bekanntlich, solange man lebt, nicht nicht verhalten kann und jedes Verhalten wirkt, haben auch Sie als Moderator (ebenso wenig wie etwa Eltern oder Vorgesetzte) nicht die Wahl, ob Sie auf die Ihnen anvertrauten Menschen wirken, sondern nur die, wie Sie wirken. Als Moderator beeinflussen Sie über das „Wie" Ihres Verhaltens das Gruppengeschehen. Ihr Verhalten hat Regelcharakter (vgl. Seite 17). Sie werden den Teilnehmern – im positiven wie im negativen Sinne – Vorbild sein und darüber hinaus auf die Atmosphäre in der Gruppe (und über die Gruppe hinaus) wirken. Verhalten Sie sich also „vorbildlich"!

Sonderfall: Der inhaltlich beteiligte Moderator

Die meisten Gruppengespräche finden nicht als Visions-, Strategie-, Teamentwicklungs- oder Problemlöse-Workshop mit neutralem Moderator statt, sondern als Routinesitzung einer Arbeits- oder Projektgruppe. In diesen Fällen wird die Gesprächsleitung meist von einem Gesprächsteilnehmer übernommen, der auch inhaltlich eigene Interessen zu vertreten hat. Er ist Partei und Moderator zugleich.

Ein solcher Spagat kann Ihnen nur gelingen, wenn Sie sich als beteiligter Moderator Ihrer Doppelrolle bewusst sind und ihr Rechnung tragen. Obwohl Sie nicht neutral sein können, gibt es Techniken, die Ihnen helfen, sowohl der Gruppe wie sich selbst zu dienen:

● Das „Dienstkleidungs-Prinzip": Dienstkleidung hat den Sinn, dem Betrachter auf den ersten Blick klarzumachen, dass der Träger eine bestimmte Funktion wahrnimmt, zum Beispiel die des Schaffners, des Kochs, des Arztes oder Polizisten usw. Ähnlich ist es mit Standorten. Tritt eine Person zum Rednerpult, so wird sie zum Redner, stellt sich jemand vor den Zebrastreifen, geht man davon aus, dass er die Straße überqueren will, ohne dass er ein Sterbenswörtchen gesagt hat. Für die Moderation bedeutet dies, dass Sie den Kollegen Ihre Rollen „neutraler Moderator" und „inhaltlich Beteiligter" etwa dadurch deutlich machen können, dass Sie stehen, wenn Sie als Moderator agieren, und sitzen, wenn Sie sich inhaltlich einbringen.

- Das Prinzip der Schriftlichkeit: Die Moderationsmethode sieht vor, dass der Arbeitsprozess und alle wesentlichen Gesprächsinhalte mitvisualisiert werden (siehe Seite 53). Als inhaltlich beteiligter Moderator können Sie hier als Betroffener ebenfalls an einer Kartenabfrage (vgl. Seite 57) teilnehmen oder bei einer Punktabfrage (vgl. Seite 61) Punkte kleben. Ihre Nennungen gelten so viel wie die aller anderen, nicht mehr und nicht weniger.

- Das Prinzip der Fragehaltung: Moderieren kann man nicht aus einer Sagehaltung, sondern nur aus einer Fragehaltung. Wer einen Standpunkt vertritt, tut sich schwer damit, anderen Meinungen gegenüber offen zu sein. Wer hingegen fragt, kann die Meinung des/der anderen erfahren und verstehen (siehe Seite 69).

- Das Prinzip der Goldwaage: Als Moderator müssen Sie, um ein konstruktives Arbeitsklima zu schaffen und aufrechtzuerhalten, jedes Ihrer Worte „auf die Goldwaage legen". Sie dürfen sich keine rhetorischen Fehltritte leisten, zum Beispiel keine Suggestivfragen stellen und – wie bereits ausgeführt – keine Wertungen vornehmen.

30 *Der Moderator hat die Aufgabe, ein Gruppengespräch als Methodenspezialist möglichst neutral zu
leiten und die Gruppe zu Ergebnissen zu führen.
Dabei muss er alle einbeziehen und dafür sorgen,
dass niemand die Gruppe dominiert – auch nicht er
selbst. Ist er als Einladender, Projektleiter oder Vorgesetzter inhaltlich Beteiligter, so muss er in besonderem Maße auf Neutralität achten.*

1.3 Moderation als „neutraler Dritter"

Ein Gruppengespräch sollte – aus genannten Gründen
– prinzipiell moderiert werden. Es ist grundsätzlich
hilfreich, wenn jemand für die Strukturierung des Arbeitsprozesses Verantwortung übernimmt. In der Regel wird einer der inhaltlich Beteiligten dies als Zusatz-
aufgabe übernehmen: der Vorgesetzte, der Projektleiter, der Einladende ...

In besonderen Fällen sollte jedoch unbedingt ein „neutraler Dritter" die Moderation übernehmen. Besonders
wichtig ist dies in folgenden Fällen:

- Der Teilnehmerkreis ist sehr groß (>10 Personen).
- Die Veranstaltung geht über einen oder mehrere
  Tage.
- Jeder der Beteiligten soll oder muss sich uneinge-
  schränkt auf die inhaltliche Diskussion konzentrie-
  ren können.

- Das zu bearbeitende Thema ist zu „heiß", und/oder jeder der Beteiligten ist emotional stark involviert.
- Es bestehen bereits „Fronten".

Moderation ist für ein Gruppengespräch prinzipiell sinnvoll und hilfreich. Ein „neutraler Dritter" sollte herangezogen werden, wenn es gilt, einen großen Personenkreis zu moderieren, wenn der Arbeitsprozess „festgefahren" ist und wenn es um die Bearbeitung von Konflikten geht.

1.4 Moderationsregeln

Für die Moderation von Gruppengesprächen ist es hilfreich, schon zu Beginn der gemeinsamen Arbeit Regeln für das gemeinsame Tun zu vereinbaren. Dabei sollten Sie sich allerdings auf die Ihnen unverzichtbar erscheinenden beschränken, um die Gruppe nicht zu überfordern. Ansonsten sollten Sie Regeln immer erst bei Bedarf, also bei einer entsprechenden Störung, einführen. Einige Beispiele:

Jeder ist für den Erfolg (mit-)verantwortlich!
Die Verantwortung für den Erfolg einer Gruppensitzung wird häufig an den Moderator delegiert. Es ist daher – vor allem bei ungeübten Gruppen – sinnvoll, die Rolle des Moderators im „Prozesstheater" deutlich zu machen. Auch wenn Sie die Doppelrolle als Modera-

tor und Vorgesetzter oder Projektleiter ... zu spielen haben, sind Sie nicht allein verantwortlich für den Erfolg des Gruppengesprächs. Sie müssen deshalb schon zu Beginn (er-)klären, dass jeder Teilnehmer zur Problembearbeitung und Lösungsfindung gebraucht wird und seinen Teil der Verantwortung zu tragen hat.

Per „ich", nicht per „man" sprechen!

Die Teilnehmer müssen zu ihren Aussagen stehen. Sie sollen sich nicht hinter einem unbestimmten „man" verstecken, sondern ihre eigene Meinung explizit vertreten.

Für sich sprechen, nicht für andere!

Jeder sollte davon sprechen, was er selbst gesehen, empfunden, gemeint hat, nicht was andere gemeint haben könnten, dürften oder sollten. Die Kommunikation in der Gruppe wird dadurch authentischer und klarer, der Umgang miteinander ehrlicher und leichter.

Es spricht nur einer zur gleichen Zeit!

Nur das Engagement aller Gruppenmitglieder garantiert den Erfolg einer Moderation. Wenn sich dies allerdings in einem „Durcheinanderreden" äußert, das den geregelten Fortgang der Arbeit erschwert, ist es sinnvoll, diese Regel vorzuschlagen.

Zu den Anwesenden sprechen, nicht über sie!

Wenn sich in der Gruppe die Tendenz verbreitet, anwesende Gruppenmitglieder nicht direkt anzusprechen, sondern das Gespräch über den Umweg Moderator zu führen, sollten Sie dies zum Anlass nehmen, eine entsprechende Regel vorzuschlagen. Das Gespräch kann nur dann erfolgreich sein, wenn alle Teilnehmer zueinander und miteinander reden.

Sich kurz fassen!

Detailwissen verleitet dazu, dieses auch auszubreiten. In einer gut vorbereiteten Moderation mit sehr kompetenten Teilnehmern ist die Gefahr groß, dass die Wortbeiträge breit werden. Das Engagement für die Sache kommt noch erschwerend hinzu. Wenn Beiträge einzelner Mitglieder deutlich zu lang werden, sollten Sie dies thematisieren. Mit einigen Kniffen (siehe Seite 76) lassen sich auch Vielredner stoppen.

Störungen haben Vorrang!

Bei Störungen wie Vorbehalten, Ärger, Uneinigkeit, Müdigkeit, Lustlosigkeit ist eine inhaltliche (Weiter-) Arbeit nicht sinnvoll. Störungen dieser Art müssen bearbeitet werden. Da Gruppenmitglieder eine derartige Störung häufig gar nicht bewusst wahrnehmen – sie merken vielleicht nur, dass „etwas nicht stimmt" – ist es vor allem Ihre Aufgabe als Moderator, sie zu erkennen und anzusprechen. Zum Ansprechen einer Störung im laufenden Prozess können Sie sich der „Feedback-Technik" oder der „Blitzlicht-Technik" (siehe Seite 77 und Seite 68) bedienen.

Die genannten Regeln sind Standardregeln mit Bei-spielcharakter. Die passende Regel müssen Sie in der jeweiligen Situation selbst (er-)finden.

Die genannten Regeln sind Standardregeln mit Bei-spielcharakter. Die passende Regel müssen Sie in der jeweiligen Situation selbst (er-)finden.

Und noch etwas...

Wenn Sie störendes Verhalten – was immer es auch sein mag – erleben, seien Sie sich dessen bewusst, dass Sie Verursacher Ihres Erlebens sind, dass Sie dieses Verhalten als störend „konstruieren". Störend wird ein Verhalten immer nur durch den, der sich gestört fühlt! Stellen Sie sich vor, Menschen streiten mitten auf der Straße lauthals miteinander. Sie beobachten die Szene und empfinden das Geschehen als belastend und be-drohlich. Dies ändert sich schlagartig, wenn Sie bemer-ken, dass das Ganze vor laufender Kamera für einen TV-Film gedreht wird. Von einem Moment auf den an-deren finden Sie das Geschehen interessant und anre-gend. Geändert hat sich nur Ihre Zuschreibung, nicht die Szenerie.

Für den Moderator ergibt sich aus dem Gesagten die Chance, störendes Verhalten wohlwollend zu betrach-ten und zu behandeln. Wäre die Störung nur eine ge-spielte Störung, wäre sie auch eine Störung, aber sie hätte keinen destruktiven Charakter mehr ...

- *Moderation ist die zielgerichtete und ergebnis-orientierte Leitung einer Gruppe durch einen neutralen Moderator.*
- *Der Moderator ist methodischer, nicht fachlicher Experte, der der Gruppe hilft, arbeitsfähig zu sein und zu bleiben.*
- *Der inhaltlich beteiligte Moderator muss sich mit Hilfe entsprechender Techniken um Neutralität bemühen.*
- *Regeln sind Normen für das Miteinander in einer Gruppe. In einer moderierten Gruppe sind folgende Regeln besonders wichtig: sich für den Erfolg des Ganzen mitverantwortlich fühlen, für sich selbst sprechen, andere ausreden lassen, sich anderen immer direkt mitteilen, sich kurz fassen, Störungen vorrangig behandeln.*

30 MINUTEN

2. Vorbereitung einer Moderation

Der Erfolg einer Moderation hängt ganz entscheidend von deren Vorbereitung ab. Da sich soziale Systeme nur bedingt steuern lassen und eine Gruppe ein soziales System ist, sollten Sie als vorausschauender Moderator darauf achten, die Situation, in die Sie sich begeben, vorab so zu gestalten, dass die Rahmenbedingungen den Erfolg Ihrer Arbeit fördern. Für eine gründliche Vorbereitung sollten Sie die folgenden vier Aspekte berücksichtigen:

- Inhaltliche Vorbereitung
- Methodische Vorbereitung
- Organisatorische Vorbereitung
- Persönliche Vorbereitung.

2.1 Inhaltliche Vorbereitung

Der Moderator steuert die inhaltliche Arbeit in einem Gruppengespräch vor allem durch Fragen. Als Moderator sind Sie deshalb dann am besten geeignet, wenn Sie

sich in das Thema, um das es gehen soll, gut hineinden-
ken können, aber nicht der inhaltliche Experte dafür
sind. Andernfalls haben Sie vermutlich mehr Antworten als Fragen, und mit Antworten kann man nieman-
den in ein Gespräch einbeziehen, man kann ihn damit
nur zum Zuhörer machen. Und dies ist das Gegenteil
der Aufgabe des Moderators.

Klärung der Zielsetzung

Es kann daher erforderlich sein, dass Sie sich vorab mit
den Themen beschäftigen, die bearbeitet werden sollen.
Ein wichtiger Aspekt der inhaltlichen Vorbereitung –
vielleicht sogar der Wichtigste – ist die Klärung der
Zielsetzung, denn ohne Ziel ist bekanntlich jeder Weg
richtig.

Zur Planung einer Moderation müssen Sie zumindest
das Gesamtthema und die Gesamt-/Grobzielsetzung
formulieren, um, darauf aufbauend, ein geeignetes me-
thodisches Konzept entwerfen zu können.

Folgende Fragen sollten Sie auf jeden Fall vorab klären:

- Aus welchem Anlass soll die geplante Moderation
  stattfinden?
- Wer will die Moderation und warum?
- Gibt es jemanden, der sie nicht will, aus welchem
  Grund?
- Wie lautet das Thema?
- Wurde zu diesem Thema bereits gearbeitet? Von
  wem und mit welchem Ausgang?

- Was ist die Zielsetzung? Was soll konkret mit der Moderation erreicht werden?
- Ist diese Zielsetzung realistisch?

Sind Einzelthemen bereits festgelegt, zum Beispiel Tagesordnungspunkte, dann ist das Ziel für jedes der verschiedenen Themen zu formulieren. Ganz wichtig ist dabei, dass Sie zwischen den Mittel- und Langfristzielen der Gruppe und den Zielen der Moderation unterscheiden. Ein gut formuliertes Ziel ist

- realistisch, also nach „realistischer Einschätzung" erreichbar
- messbar, das bedeutet, dass feststellbar ist, wann das Ziel erreicht ist
- positiv formuliert, sodass es motivierend wirkt.

Der Moderator leitet das Gruppengespräch vor allem durch Fragen. (Gute) Fragen können Sie aber nur stellen, wenn Sie inhaltlich mitdenken können. Machen Sie sich deshalb vorab in der Sache „so schlau wie möglich" und planen Sie den methodischen Weg, auf dem Sie die Gruppe zum Ziel führen wollen.

Das Wichtigste ist dabei die Klärung der Zielsetzung. Das, was am Ende der Moderation erreicht sein soll (Moderationsziele), unterscheidet sich von dem, was später konkret inhaltlich umgesetzt werden muss (Mittel- und Langfristziele).

2.2 Methodische Vorbereitung

Jedes Vorplanen einer Moderation ist ein „Planen des Unplanbaren", da Sie als Moderator im Voraus nicht wissen können, was in der Gruppe geschehen wird. Die Gruppenarbeit steht und fällt aber mit der Methodik, die ein Moderator anwendet.

Erstellen eines Moderationsplans

Es ist wichtig, dass Sie für jeden Moderationsschritt möglichst genau planen, was Ziel dieses Abschnittes ist, welche Methoden Sie einsetzen wollen, um es zu erreichen (siehe Seite 53), und welche Hilfsmittel Sie dazu brauchen (siehe Seite 81). Sie müssen ferner den Zeitbedarf abschätzen und, falls Sie im Team moderieren, mit dem Co-Moderator abstimmen, wer welche Aufgaben übernehmen wird. Ein geeignetes Hilfsmittel für die methodische Planung ist ein Moderationsplan, wie ihn die Abbildung auf Seite 28/29 zeigt.

Visualisierungen vorbereiten

Die zentrale Technik der Moderation ist neben der Fragetechnik die Visualisierung, das Sichtbarmachen von Informationen. Sie müssen als Moderator entscheiden, welche Plakate, Flipcharts, Karten usw. Sie, entsprechend der gewählten Vorgehensweise, vorab vorbereiten können oder müssen. Diese vermerken Sie im Moderationsplan und bereiten sie vor, zum Beispiel indem Sie auf ein Plakat für eine Themensammlung eine Impulsfrage schreiben und ein Antwortraster erstellen.

Vorbereitung auf die Teilnehmer

Das zentrale Element einer Moderation sind die Teilnehmer, die zusammenkommen, um Themen zu bearbeiten, von denen sie in irgendeiner Form betroffen sind. Die Zusammenkunft wird also von den Teilnehmern geprägt werden. Deshalb ist es für den Moderator wichtig zu wissen, wer teilnimmt und welche Einstellung zur Sache die Einzelnen haben. Stellen Sie sich vorab folgende Fragen:

- Wie ist die Gruppe zusammengesetzt? Wer ist dabei?
- Kennen sich die Teilnehmer?
- Welches Interesse hat der Einzelne teilzunehmen?
- Welche Einstellung hat er zum Thema?
- Welche Schwierigkeiten oder gar Konflikte können auftreten? Wodurch?
- Welche Einstellung haben die Teilnehmer (vermutlich) zu mir als Moderator?
- Welche Erfahrungen haben die Teilnehmer mit der Methode?
- Welche Vorabinformationen haben sie erhalten?

Moderationsplan für ...

Schritt	Ziel	Methodik
Gesamte Moderation	Beschluss von ersten Maßnahmen zur Verkürzung unserer Lieferzeiten	Gesamter Moderationszyklus
1 Einstieg	Eröffnung Gutes Arbeitsklima Hinführung	Kennenlern-Matrix Erwartungsabfrage
2 Sammeln	Kennen der Aspekte, über die aus Sicht der Gruppe gesprochen werden muss	Kartenabfrage
3 Auswählen	Festlegen des Themas, das die Gruppe zuerst bearbeiten will	Mehr-Punkt-Abfrage
4 Bearbeiten	Problemanalyse und Finden von Ansatzpunkten zur Problemlösung	Situative Entscheidung: Zwei-Felder Tafel
5 Planen	Katalog von Maßnahmen zur Verbesserung der Situation	Maßnahmenkatalog
6 Abschluss	Abschluss der Gruppenarbeit	Blitzlicht

Hilfsmittel	Zeit	Moderator
1 Moderatorenkoffer 5 Pinnwände 1 Flipchart + Visualisierungen	Ca. 3 1/2 Std.	Team: A + B
Vorbereitete Plakate: – Kennenlern-Matrix – visualisierte Frage	15 Min.	A eröffnet und steuert, B stellt Matrix und Frage vor
Vorbereitetes Plakat: – visualisierte Frage – Reservewände	20 Min.	B steuert, A schreibt
Vorbereitetes Plakat: – Themenspeicher	10 Min.	A moderiert Mehr-Punkt- Abfrage
Vorbereitetes Plakat: – Zwei-Felder-Tafel	90 Min.	B steuert, A schreibt
Vorbereitetes Plakat: – Maßnahmenplan	60 Min.	A steuert, B schreibt
Keine	20 Min.	B fasst zusammen, A verabschiedet

Es kann notwendig sein, sich entsprechende methodische Schritte zu überlegen, um optimal auf die Teilnehmer vorbereitet zu sein und diese dort „abzuholen, wo sie stehen". So sollten Sie beispielsweise etwas mehr Zeit für den Einstieg einplanen, wenn sich die Teilnehmer noch nicht kennen, und ein passendes „Kennenlernritual" vorbereiten (vgl. Seite 55).

Effektive Moderation lebt von der Struktur, die der Moderator schafft. Überlegen Sie sich deshalb vorab, welche Teilnehmer mit welcher Erwartung und welcher Vorerfahrung kommen werden, was die Zielsetzung der Zusammenkunft insgesamt ist und wie Sie die Gruppe zum Ziel führen können. Verwenden Sie zur Strukturierung einen Moderationsplan, in dem Sie für alle Phasen des Moderationsablaufs Ziel, Methodik, Hilfsmittel, Zeitrahmen und Arbeitsaufteilung festlegen.

2.3 Organisatorische Vorbereitung

Wenn eine Gruppe miteinander arbeiten will, muss dieses „Miteinander-Arbeiten" auch stattfinden können, das heißt, die Rahmenbedingungen müssen stimmen. Es dürfen beispielsweise keine Störungen und damit Ablenkungen oder gar unerwünschte Unterbrechungen vorkommen. Die Gruppe muss sich ungehindert auf die Arbeit konzentrieren können. Alle benötigten Materialien sollten in ausreichender Menge vorhanden sein. Die räumlichen Gegebenheiten und der Zeitrahmen müssen stimmen. Sie sollten deshalb als Moderator vorher einige organisatorische Dinge klären.

Einladung

Die Teilnehmer müssen frühzeitig eingeladen werden und in der Einladung folgende Informationen erhalten:

- Zeitpunkt/Zeitrahmen
- Ort/Raum
- Thema/Zielsetzung
- Teilnehmer
- Moderator(en)
- Initiator/Einladender.

Eine telefonische Terminabstimmung ist im Voraus sinnvoll, damit alle für die Veranstaltung wichtigen Personen eingeladen werden können.

Zeitpunkt und Zeitrahmen

- Wann soll das Treffen stattfinden?
- Wie lange soll es dauern?
- Wie viele Pausen sind einzulegen und wann?

Ort und Raum

- Wo soll das Treffen stattfinden (intern/extern)?
- Wie viele Räume werden benötigt (Plenum und Gruppenräume)?

- Wie groß müssen die Räume sein?
- Sind die benötigten Hilfsmittel (Medien wie Pinnwände, Flipchart(s), ggf. Overheadprojektor/Beamer) vorhanden oder müssen sie geliefert werden?
- Sind die Räume für den gewünschten Zeitpunkt reserviert (mit Bestuhlung, Ablagetischen, Medien)?
- Ist für Verpflegung gesorgt?
- Welche Freizeitmöglichkeiten stehen (bei Hotelaufenthalt) zur Verfügung?

Medien
- Welche Medien werden benötigt? (Pinnwände, Flipchart(s), ggf. Overheadprojektor/Beamer, siehe Seite 81)
- Welche stehen zur Verfügung?
- Sind Packpapier und Flipchart-Bögen vorhanden?
- Was wird an Moderationsmaterial (Karten, Stifte, Nadeln usw.) benötigt?
- Bietet der vorgesehene Raum Verdunkelungsmöglichkeiten?
- Wie steht es mit den Stromquellen? Sind Verlängerungskabel vorhanden?

An Ersatzmaterial denken
Denken Sie immer an ausreichend Ersatzmaterial: Nichts ist peinlicher, als wenn eine Veranstaltung nicht planmäßig ablaufen kann, weil Packpapier oder Flipchart-Bögen fehlen, keine Ersatzbirne für den Over-

headprojektor da ist oder die Pinnnadeln nicht reichen. Für Pinnwände gilt übrigens die Faustregel: je drei Teilnehmer eine Pinnwand.

Sorgen Sie für eine perfekte Organisation! Tun Sie alles, damit die Teilnehmer zum Zeitpunkt der Einladung alles wissen, was sie wissen müssen, von der Anreise über die Zielsetzung bis zur Zeitplanung und ggf. den Freizeitmöglichkeiten. Verschicken Sie die Einladungen frühzeitig. Kümmern Sie sich rechtzeitig um die passenden Räumlichkeiten mit entsprechender Größe und Ausstattung. Und: Sorgen Sie dafür, dass Sie sicher alle Medien zur Verfügung haben und diese aktuell auch auf Funktion geprüft wurden!

2.4 Persönliche Vorbereitung

In puncto persönlicher Vorbereitung geht es darum, dass Sie, im Grunde wie ein Sportler, darauf achten, dass Sie zum richtigen Zeitpunkt in der richtigen geistigen und körperlichen Verfassung – also auf den Punkt fit sind.

Körperliche und geistige Fitness
Je wichtiger die Moderation, desto wichtiger ist Ihre „Tagesform". Sie fördern Ihre Konzentration, wenn Sie leicht essen, auf Alkohol verzichten und ausreichend

Pausen einplanen. Sie sollten als Moderator auch nicht jede freie Minute mit den Teilnehmern verbringen, um Zeit für Ihre Reflexion und Regeneration zu haben.

Die Ereignisse gedanklich vorwegnehmen

Äußerst hilfreich kann es sein, die Ereignisse in der Planungsphase anhand des Moderationsplans (siehe Seite 28) vor seinem geistigen Auge ablaufen zu lassen, sich in die Situation hineinzufühlen. Wenn Sie innerlich an einer Stelle „stolpern", merken Sie, wo Sie in Ihrer Vorbereitung noch „nachbessern" müssen.

Heimvorteil

Sie sollten sich, wenn irgend möglich, vorab mit den Örtlichkeiten vertraut machen und sich auf diese Weise einen „Heimvorteil" verschaffen. Jeder Ort hat seine Besonderheiten. Wenn Sie diese kennen, können Sie souveräner damit umgehen und sich zum Beispiel auf schlechte Lichtverhältnisse oder Lärm im Hintergrund einstellen.

Eine gute Vorbereitung ist das A und O einer Moderation:

- *Bei der inhaltlichen Vorbereitung klären Sie die Zielsetzung des Treffens und stellen sich auf die Teilnehmer ein.*
- *In der methodischen Vorbereitung erstellen Sie einen Moderationsplan für den Ablauf der Moderation, in dem Sie für jeden Moderationsschritt Teilziele und passende Methoden festlegen sowie den Zeitbedarf einplanen. Hier müssen Sie sich gegebenenfalls mit einem Co-Moderator abstimmen.*
- *In der organisatorischen Vorbereitung überprüfen Sie vorab den Zeitrahmen, die Raumplanung und den Medieneinsatz.*
- *Schließlich müssen Sie sich persönlich vorbereiten, indem Sie auf Ihre Fitness achten und sich mit den Räumlichkeiten vertraut machen.*

30 MINUTEN

Wissen Sie, dass Sie zwei Ebenen gleichzeitig steuern müssen und wie Sie das machen können?

Seite 37

Kennen Sie die sechs Sachphasen des Moderationszyklus?

Seite 39

Wissen Sie, wie Sie den emotionalen Arbeitsprozess der Gruppe erfolgreich steuern?

Seite 47

3. Durchführung einer Moderation

Immer wenn Menschen sich mitteilen, sagen sie einerseits etwas über die Sache, um die es gerade geht, und andererseits sagen sie immer auch etwas über sich und den/die anderen.

Zwei Ebenen

Für die Moderation von Gruppengesprächen bedeutet dies, dass Sie als Moderator unvermeidbar stets auf zwei Ebenen gleichzeitig agieren müssen. Einerseits auf der „Sach- oder Inhaltsebene", wo es um die zu besprechenden Sachen oder Inhalte geht, und andererseits auf der „Gefühls- oder Beziehungsebene", wo es darum geht, wie man sich gerade fühlt und wie man die Beziehung zu dem/den anderen sieht. In der Regel läuft der sachliche Teil offen, der emotionale Teil aber „unter der Oberfläche" ab. Um eine erfolgreiche Kommunikation zu gewährleisten, müssen Sie darauf achten, dass die Teilnehmer auf der Sachebene verständliche und auf der Beziehungsebene ehrliche und wertschätzende Botschaften übermitteln.

3.1 Der Sach- und der Beziehungsaspekt

Moderation findet – wie menschliche Kommunikation allgemein – immer auf zwei Ebenen statt: einer inhaltlichen und einer emotionalen Ebene. Und dies gleichzeitig. Bildlich dargestellt ist das wie bei einem Eisberg. Ein Teil ist sichtbar, und der andere Teil ist unter der Oberfläche. Meist wird über die verdeckte Beziehungsebene nicht (offen) gesprochen.

Ich-, Du- und Es-Botschaft

Diese beiden Ebenen kommen dadurch zustande, dass wir, wenn wir etwas über eine Sache sagen (Es-Botschaft), gleichzeitig auch etwas über uns (Ich-Botschaft) und etwas über den/die Gesprächspartner sagen (Du-Botschaft). Die Sach- oder Es-Botschaft entsteht durch das gesprochene Wort, also das, was wir hören und was ein Stenotypist mitschreiben würde. Die Beziehungsebene (Ich- und Du-Botschaft) wird durch Gestik, Mimik, Tonfall etc. und durch die situativen Rahmenbedingungen, in denen etwas (so und nicht anders) gesagt wird, geprägt.

Das Schaubild auf Seite 39 zeigt diesen „kommunikativen Eisberg". Dieser wird in den folgenden Kapiteln behandelt. Zunächst geht es um die Inhalts- oder Sachebene.

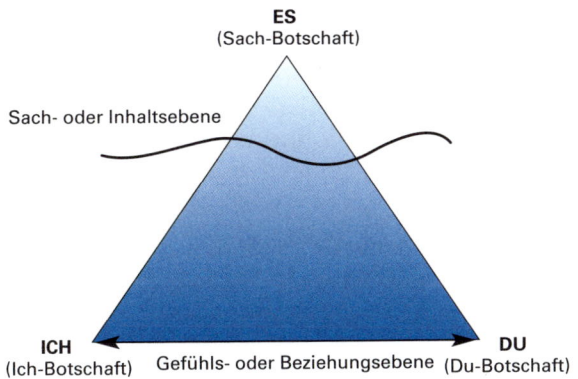

ES
(Sach-Botschaft)

Sach- oder Inhaltsebene

ICH
(Ich-Botschaft)   Gefühls- oder Beziehungsebene   **DU**
(Du-Botschaft)

Der „kommunikative Eisberg"

Kommunikation läuft immer auf zwei Ebenen gleichzeitig ab. Als Moderator müssen Sie daher den „Inhalts- oder Sachprozess" und den „Beziehungs- oder Gruppenprozess" gleichzeitig geschickt steuern!

3.2 Der Sachprozess oder: Die Technik des Moderierens

Die Basis jeder Moderation ist „die Technik des Moderierens" (vgl. auch Seifert: „Visualisieren, Präsentieren, Moderieren "). Viele Schwierigkeiten, die bei Moderationen entstehen, sind „hausgemacht". Der Gruppenprozess wird durch Meinungsverschiedenheiten und Konflikte belastet, die erst gar nicht entstanden wären, wenn auf der Sachebene gut strukturiert gearbeitet worden wäre. Sitzt die Technik, so entstehen viele Probleme erst gar nicht. Deshalb hier zunächst eine Einführung in die „Technik des Moderierens", die so genannte MODERATIOnsMETHODE©.

Die MODERATIOnsMETHODE

Diese Methode, die Ihnen als Gesprächsleiter hilft, dem Anspruch, eine Gruppe neutral und zielorientiert zu leiten, gerecht zu werden, wird heute einerseits zur Qualitätszirkel-, Lernstatt-, Mitarbeitergruppen- oder kurz KVP-Arbeit (Kontinuierlicher Verbesserungs-Prozess) genutzt und andererseits in der Durchführung von Workshops, Projektmeetings, Besprechungen usw. verwendet. Sie ist gekennzeichnet durch:

- eine spezifische Grundhaltung des Moderators (siehe Seite 11)
- die Arbeit nach einer bestimmten Methodik (siehe Seite 53)
- die Verwendung spezieller Hilfsmittel (siehe Seite 81).

Der Moderationszyklus

Basis jeglicher Gruppensteuerung ist – wie gesagt – strukturiertes Vorgehen. Der Moderationsprozess lässt sich dazu auf der Sachebene in sechs Phasen gliedern und als Kreis darstellen. Sie können sich als Moderator sehr gut an diesem Moderationszyklus als Grobstruktur für Ihre Arbeit orientieren. Zur methodischen Orientierung und Einbeziehung der Teilnehmer können

Sie den „Moderationszyklus" zu Beginn der Moderation etwa ans Flipchart zeichnen und dabei Ihr Vorgehen erläutern. Verfahren Sie dann im Weiteren konsequent nach diesen Vorgaben. Sinnvolle Methoden für die einzelnen Moderationsschritte finden Sie im Methodenteil dieses Buches (siehe Seite 53).

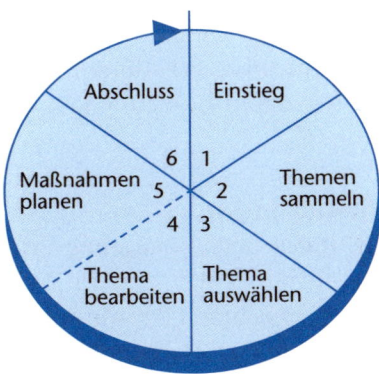

Der Moderationszyklus

1. Schritt: Einstieg

In diesem Moderationsschritt geht es darum, die Sitzung zu eröffnen, ein positives Arbeitsklima zu schaffen und Orientierung zu geben. Die Teilnehmer benötigen Informationen über

- Anlass der Zusammenkunft
- Thema der Moderation
- angestrebte(s) Ziele(e)
- gegebenenfalls Regeln.

Eröffnung der Sitzung

Nach der offiziellen Eröffnung der Arbeit in der Gruppe müssen Sie die Eckpunkte des Zeitplans abstimmen. Kennen sich die Teilnehmer noch nicht, sollte gleich zu Beginn ein Kennenlernen stattfinden, zumindest in Form einer kurzen Vorstellungsrunde. Die Teilnehmer sollen mit den Gegebenheiten wie Raum und Medien vertraut werden. Gerade zu Beginn müssen Sie auf eine positive Einstimmung der Gruppenmitglieder achten, damit eine gute Arbeitsatmosphäre entsteht.

Klären der Erwartungen

Es ist wichtig, gleich am Anfang der Gruppensitzung festzustellen, welche Erwartungen die Einzelnen haben und ob es hier Gegensätze gibt, die bearbeitet/aufgelöst werden müssen. Möglicherweise haben einige Teilnehmer Vorbehalte, die später zu Konflikten führen können, wenn sie nicht rechtzeitig angesprochen werden. Sinnvoll ist es hier, ein „Stimmungsbild" der Teilnehmer zu erfragen, das Sie an späteren Punkten wieder aufnehmen und überprüfen können. Hierzu eignet sich ein „Blitzlicht" (siehe Seite 68).

Abstimmen von Zielsetzung und Methodik

Die Teilnehmer brauchen zu Beginn der Moderation inhaltliche Orientierung. Auch die Zielsetzung der Arbeit muss gemeinsam geklärt werden. Sie sollten an dieser Stelle unbedingt Ihre Vorgehensweise vorstellen oder gemeinsam mit den Teilnehmern ein geeignetes Vorgehen festlegen.

2. Schritt: Themen sammeln

Das Sammeln der Themen ist der erste inhaltliche Arbeitsschritt. Hier geht es darum, die Themen festzulegen, die bearbeitet werden sollen. Der Ablauf dieses Schrittes könnte folgendermaßen aussehen:

Formulierung einer Fragestellung

Sie stellen jetzt der Gruppe (an der Pinnwand, siehe Seite 82) die visualisierte Frage, welche Themen in dieser Sitzung behandelt werden sollen. Damit konzentrieren Sie die Gedanken der Teilnehmer auf die gemeinsame Zielsetzung und schaffen so einen Ausgangspunkt für die gemeinsame inhaltliche Arbeit.

Verteilung von Moderationskarten

Sie fordern die Teilnehmer auf, die Frage schriftlich zu beantworten (Kartenabfrage, siehe Seite 57). So beziehen Sie die Teilnehmer ein und erhalten Einfälle und Themenbereiche zur Fragestellung.

Karten an der Pinnwand ordnen

Sie sammeln anschließend die Karten ein und befestigen Sie an der Pinnwand. Dabei ordnen Sie die Karten gemeinsam mit den Teilnehmern zu Sinneinheiten. Bei dieser Vorgehensweise ist es wichtig, dass die Antworten umsortiert werden können. Dazu benutzen Sie an der Pinnwand Nadeln, am Flipchart Adhäsivkleber. Alle von den Teilnehmern genannten Themen müssen erfasst werden. Die Gruppe gewinnt so einen Überblick, und es ergeben sich inhaltliche Schwerpunkte. Die inhaltliche Ordnung erfolgt noch ohne Prioritäten. Eine Rangfolge erfragen Sie erst im nächsten Schritt.

3. Schritt: Thema auswählen

Hier geht es darum, festzulegen, welches Thema bearbeitet wird beziehungsweise in welcher Reihenfolge die Themen bearbeitet werden sollen, also darum, Prioritäten zu setzen. Diese Phase könnte wie folgt ablaufen:

Zielgerichtete Fragestellung

Stellen Sie der Gruppe die visualisierte Auswahlfrage, welche Themen aus Sicht der Gruppe vorrangig zu behandeln sind. So konzentrieren Sie die Gedanken der Teilnehmer auf die Zielsetzung dieses Moderationsschrittes und regen sie zur Wahl persönlich favorisierter Themen an.

Mehr-Punkt-Abfrage

Geben Sie dann allen Teilnehmern Klebepunkte und fordern Sie sie auf, diese nach persönlichen Prioritäten auf die Themen zu kleben (siehe Seite 61). So entsteht eine Rangfolge der Themenbearbeitung. Wichtig: In diesem Schritt geht es um die Reihenfolge der Themenbearbeitung, nicht darum zu entscheiden, welche Themen bearbeitet werden und welche nicht.

Erstellen eines Themenspeichers
Bei sehr vielen Themen erstellen Sie ggf. an der Pinnwand oder am Flipchart ein Raster mit den gefundenen Oberbegriffen (siehe Seite 60) So erleichtern Sie den Überblick und die methodische Weiterarbeit.

4. Schritt: Thema bearbeiten
In diesem Schritt bearbeitet die Gruppe die Themen – Step by Step – in der festgelegten Reihenfolge. Zur Themenbearbeitung ist es jeweils notwendig, eine dem Ziel entsprechende Methodik anzuwenden.

Zielsetzungen
Folgende Zielsetzungen sind denkbar:
- Infosammlung/-austausch
- Problemanalyse/-lösung
- Entscheidungsvorbereitung
- Entscheidung.

Zielorientierte Themenbearbeitung
Zur Problemlösung eignet sich etwa eine „Zwei-Felder-Tafel" (siehe Seite 63), bei der dem jeweiligen Problem spontane Lösungsideen gegenübergestellt werden.
Sie sollten in diesem Schritt unbedingt die zielorientierte Themenbearbeitung sicherstellen. Die gewählte Methode sollte möglichst eingehalten werden. Die Teilnehmer sol-

len Lösungsideen entwickeln. Eine „Zensur" findet erst im nächsten Schritt bei der Maßnahmenplanung statt.

5. Schritt: Maßnahmenplanung

In diesem Schritt legt die Gruppe fest, welche Maßnahmen aufgrund der Ergebnisse aus der Themenbearbeitung durchgeführt werden sollen. Das Wichtigste hierbei ist, dass die Maßnahmen inhaltlich und zeitlich so konkret wie möglich formuliert werden.

Maßnahmenplan erstellen

Die Teilnehmer sollen exakte Aufgaben übernehmen, die innerhalb einer bestimmten Zeit zu erledigen sind. Dadurch werden Missverständnisse vermieden. Sinnvoll ist hier der Einsatz eines Maßnahmenplans in Form einer Matrix, den Sie an Pinnwand oder Flipchart visualisieren. Tragen Sie alle Aktivitäten untereinander in der Matrix ein und vergeben Sie in den Spalten Verantwortlichkeiten und Termine (siehe Seite 67). Je konkreter die Maßnahmen formuliert sind, desto besser.

6. Schritt: Abschließen

Die inhaltliche Arbeit ist nun beendet. Es bietet sich an, jetzt den Arbeitsprozess zu reflektieren. Dazu können Sie Fragen stellen, wie:

- Haben wir unser Ziel erreicht?
- Wurden meine Erwartungen erfüllt?
- Habe ich die Arbeit als effektiv erlebt?
- Bin ich mit dem Ergebnis zufrieden?

Hier eignet sich besonders ein Abschluss-Blitzlicht (siehe Seite 68). Zum Schluss danken Sie allen Teilnehmern für ihren Einsatz.

Eine gute Moderation besteht aus sechs Schritten: Beim Einstieg müssen Sie Teilnehmererwartungen, Zielsetzung und Methodik klären und für eine positive Einstimmung sorgen. Der zweite Moderationsschritt „Themensammlung" führt zu ersten inhaltlichen Schwerpunkten. Im dritten Schritt helfen Sie den Teilnehmern, eine Rangfolge der zu bearbeitenden Themen festzulegen. Im vierten Moderationsschritt müssen Sie eine möglichst konkrete Themenbearbeitung sicherstellen, indem Sie die Aufmerksamkeit der Teilnehmer auf die Zielsetzung der Arbeit und das gewählte methodische Vorgehen konzentrieren. Im Maßnahmenplan legen Sie gemeinsam mit der Gruppe das weitere Vorgehen fest. Am Schluss lassen Sie die Teilnehmer den Arbeitsprozess reflektieren. Sie sollten für einen positiven Ausklang sorgen.

3.3 Der Gruppenprozess oder: Die Technik der Prozesssteuerung

Das emotionale Gruppengeschehen ist in einer moderierten Gruppe nicht die Hauptsache, aber die wichtigste Nebensache. Das Gelingen des emotionalen Prozesses ist eine Conditio sine qua non für den Erfolg der gemeinsamen Arbeit. Widersprechen sich Sach- und Beziehungsebene, kann die Gruppe nicht zu einvernehmlichen Lösungen gelangen. Sie sind als Moderator also stets doppelt gefordert.

Die Gruppenphasen

Den oben behandelten sechs Sachphasen stehen drei Gruppenphasen gegenüber:

- Orientieren (und Strukturieren)
- Arbeiten
- Abschließen.

Ihr Ziel als Moderator muss es sein, dass die Gruppe nach Beginn der Veranstaltung möglichst bald auch emotional ihre volle Arbeitsfähigkeit erreicht und sich diese so lange wie möglich erhält. Nachstehende Abbildung zeigt idealtypisch das Zusammenspiel der Phasen auf der Sachebene (Sachprozess) und der Beziehungsebene (Gruppenprozess), das ein Moderator anstreben sollte.

Sachphasen					
Einstieg	Sammeln	Auswählen	Bearbeiten	Planen	Abschluss
Orientieren	Arbeiten				Abschließen
Gruppenphasen					

Phase 1: Orientieren

In jeder (neuen) Gruppe besteht für den Einzelnen zunächst Unsicherheit darüber, „wie das hier abläuft". Jeder will wissen, auf wen oder was er besonders achten muss, um sich nicht zu blamieren. Jeder Teilnehmer will also wissen, wie er sich verhalten soll, ob die anderen ihn akzeptieren werden, was erwünscht und was nicht gern gesehen ist, kurz: welche Regeln in der Gruppe gelten werden. Es etabliert sich eine „Hackordnung" in der Gruppe, die festlegt, wer etwas zu sagen hat und wessen Meinung „weniger wichtig" ist. Diese Orientierung und Strukturierung können Sie als Moderator weder verhindern noch überspringen, Sie können sie lediglich gestalten. Folgende Techniken erleichtern Ihnen diese Gestaltung:

- Den Anfang vor dem Anfang nutzen: Da die Teilnehmer an einer moderierten Sitzung in der Regel nicht gleichzeitig eintreffen, können Sie diese Gelegenheit nutzen, bereits vor der Veranstaltung mit den einzelnen Gruppenmitgliedern ins Gespräch zu kommen, um diese kennenzulernen und die Atmosphäre aufzulockern.
- Alles formal und organisatorisch Klärbare klären (siehe Seite 30)
- Positives Arbeitsklima schaffen
- Kontakt zwischen den Teilnehmern herstellen (siehe Seite 42)
- Regelbildung: Wichtige Kommunikationsregeln sollten schon zu Beginn eingeführt werden (siehe Seite 17).

Phase 2: Arbeiten

Hier geht es darum, die Inhalte zu bearbeiten, für die die Gruppensitzung einberufen wurde. Der Übergang von der Orientierungs- zur Arbeitsphase wird zwar fließend sein, jedoch sollte das Arbeiten nicht mehr durch Orientierungsfragen und „Positionskämpfe" belastet sein. Ihre Aufgaben sind vor allem:

- darauf zu achten, den „Zeitkuchen" einigermaßen gleichmäßig auf alle zu verteilen, indem Sie „Vielredner" bremsen und stillere Teilnehmer ermuntern
- mitzuvisualisieren, um die gemeinsame Arbeit zu strukturieren und zielgerichtet ablaufen zu lassen
- das jeweilige Ziel im Auge zu behalten, damit sich die Gruppe nicht „verzettelt"
- die Gruppe anzuleiten, konkrete Ergebnisse und Maßnahmen zu formulieren.

Phase 3: Abschließen

Die inhaltliche Arbeit ist getan. Jetzt geht es darum, einen positiven Ausklang zu finden. Ziel ist es, dass die Teilnehmer die Veranstaltung in positiver Stimmung und mit dem festen Vorsatz, die beschlossenen Maßnahmen in die Tat umzusetzen, verlassen. Für noch offene Punkte ist spätestens jetzt das weitere Vorgehen zu planen.

Auch für die Zusammenarbeit auf der Beziehungsebene ist analog zum Sachprozess ein Feedback notwendig, zum Beispiel mit einem „Blitzlicht" (siehe Seite 68).

Weitere wichtige Punkte für einen positiven Abschluss sind:

- ein positiver Ausblick: Wie werden wir jetzt weiter vorgehen?
- der Dank an die Teilnehmer

- eine positive Verabschiedung in Form eines Schluss-wortes (eventuell auch mit einem Glas Sekt)
- der Schluss nach dem Schluss: „Der erste Eindruck ist wichtig, der letzte bleibt." Sie sollten am Ende Zeit für ein paar persönliche Worte finden.

In der Moderation sind zwei nebeneinander lau-fende Prozesse bestimmend: der Sachprozess und der Gruppenprozess.

- *Der Sachprozess besteht aus sechs Schritten: Einstieg, Themensammlung, Themenauswahl, Themenbearbeitung, Maßnahmenplanung, Ab-schluss.*
- *Der Gruppenprozess hat drei Phasen: Orientie-rung, Arbeiten, Abschließen. Hier ist der Mode-rator vor allem als Psychologe gefragt.*

30 MINUTEN

Wissen Sie, welche Methoden Sie zur Themenbearbeitung einsetzen können?

Seite 53

Kennen Sie die Bedeutung der Fragetechnik?

Seite 69

Können Sie einem Störer gezielt Feedback geben?

Seite 77

4. Techniken und Methoden für eine erfolgreiche Moderation

Immer wieder fiel das Wort „Methodenspezialist" zur Charakteristik des Moderators. Welche Methoden sind nun sinnvoll für eine erfolgreiche Moderation? Auf jeden Fall solche, die alle Teilnehmer in den Arbeitsprozess einbeziehen, denn: Entscheidungen werden von den Betroffenen dann am ehesten mitgetragen, wenn diese sich in der Entscheidung „wiederfinden".

4.1 Moderationsmethoden

Als Methoden lassen sich in der Moderation konkrete Vorgehensweisen für jeden Arbeitsschritt im Moderationsplan (siehe Seite 28) beschreiben. Dabei ist grundsätzlich alles erlaubt, was funktioniert, wenn es dem „Geist der Moderation" entspricht. Es geht hierbei vor allem um die Veranschaulichung des Arbeitsprozesses durch Visualisierung. Visualisierung hilft, die Aktivitäten der Gruppe auf das Ziel hin zu bündeln. Sie wirkt wie ein „Brennglas", das die Kräfte auf den jeweils wichtigsten Punkt konzentriert. Außerdem zwingt sie zur Präzisierung und hilft damit, Missverständnisse zu vermeiden.

Im Folgenden finden Sie verschiedene Methoden anhand von Beispielen beschrieben. Es werden jeweils Hinweise gegeben:

- zum Anwendungsbereich (Wozu?)
- zur Vorgehensweise (Wie?)
- zum Moderationsschritt innerhalb des Moderationszyklus, in dem die Methode angewandt werden kann (Wann?).

„Kennenlern-Matrix"

Wozu?
Zum besseren Kennenlernen, vor allem, wenn sich die Teilnehmer wenig kennen.

Vorteil:
Durch den geringen Zeitaufwand eignet sich die Kennenlern-Matrix auch für kürzere Treffen.

Wie?
Sie stellen der Gruppe eine bereits an der Pinnwand visualisierte Kennenlern-Matrix vor. Die Überschriften sind auf die Zielgruppe ausgerichtet. Es sollte immer eine Spalte dabei sein, die den persönlichen und emotionalen Bereich der Teilnehmer anspricht, um hier schon deutlich zu machen, dass es nicht nur um die Sache geht, sondern der Teilnehmer auch als Mensch wichtig ist.

Die Teilnehmer tragen sich, entweder schon bevor das Treffen offiziell beginnt, in die Matrix ein – dies ergibt einen lockeren „Vorspann" – oder jeder Teilnehmer füllt im Rahmen der Vorstellungsrunde seine Daten aus. Sie tragen sich als Moderator ebenfalls ein.

Wann?
Im Schritt 1: Einstieg

„Erwartungsabfrage"

Wozu?

Teilnehmer und Moderator(en) lernen die Erwartungen und gegebenenfalls Vorbehalte oder Ängste in Bezug auf die gemeinsame Arbeit kennen und können sich darauf einstellen. Eventuell vorhandene Spannungen werden dadurch abgebaut oder zumindest bearbeitbar, dass sie ausgesprochen werden können. Vertrauen und Offenheit werden gefördert.

Gegebenenfalls können die Teilnehmer Regeln (siehe Seite 17) vereinbaren, in denen sie festlegen, wie sie miteinander umgehen.

Wie?

Beispiel: Satzergänzung

Sie stellen den Teilnehmern ein vorbereitetes Plakat mit einem visualisierten Satzanfang vor und fordern sie auf, diesen Satz zu ergänzen, beispielsweise: „Hier soll Folgendes passieren/nicht passieren:..." Die Visualisierung können Sie entweder als Moderator nach Zuruf der Teilnehmer vornehmen oder die Teilnehmer selbst visualisieren lassen.

Wann?

Im Schritt 1: Einstieg

„Kartenabfrage"

Wozu?
Zur Sammlung von Themen, Fragen, Ideen und Lösungsansätzen ist die Kartenabfrage die Methode schlechthin.

Vorteile:
Jeder Teilnehmer wird einbezogen. Alle Nennungen sind gleich wichtig. Die Karten können jederzeit neu geordnet werden.

Nachteile:
Hoher Zeitaufwand. Die Kartenabfrage wird bei großen Gruppen und vielen Nennungen leicht unübersichtlich. Um dies zu vermeiden, können Sie die Karten limitieren.

Wie?
Sie stellen den Teilnehmern an der Pinnwand eine visualisierte Frage und bitten sie, diese schriftlich zu beantworten. Dazu verteilen Sie Moderationskarten, die alle gleichfarbig sind und die gleiche Form haben, damit sie sich nicht voneinander unterscheiden. (Beachten Sie: Farben und Formen sind Bedeutungsträger!)
Bei der Beschriftung sollten die Teilnehmer auf Folgendes achten:
• mit Filzstiften schreiben
• in Druckschrift schreiben
• groß und deutlich schreiben, maximal drei Zeilen
• maximal ein Gedanke pro Karte
Beim Einsammeln der Karten müssen Sie darauf achten, dass diese verdeckt (mit dem „Gesicht nach unten") eingesammelt werden, damit die Anonymität

gewahrt wird. Wenn Sie zu zweit moderieren, können Sie jetzt die Arbeit so aufteilen, dass einer die Karten den Teilnehmern vorliest und nach der Zuordnung fragt, während der andere pinnt. Bei jeder Karte fragen Sie, zu welcher anderen Karte diese passt. Sie wird anschließend unter eine übereinstimmende Karte gepinnt oder, falls sie eine neue Sinneinheit erschließt, neben die anderen Karten. Abschließend überprüft die Gruppe nochmals die Zuordnung und überschreibt die einzelnen Kartengruppen mit einem passenden Oberbegriff.

Wann?
Vorrangig in Schritt 2: Themen sammeln; situativ in jedem Moderationsschritt

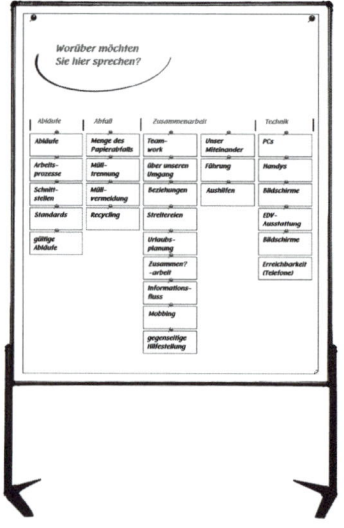

4. Techniken und Methoden für eine erfolgreiche Moderation

„Abfrage auf Zuruf"

Wozu?
Die Abfrage auf Zuruf kann wie die Kartenabfrage zum Sammeln von Themen, Ideen, Fragen ... verwendet werden.

Vorteile:
Der Zeitaufwand ist gering. Durch Assoziationsketten entsteht ein „Brainstorming-Effekt" (siehe Seite 65).

Nachteile:
Die Nennungen können nur schwer neu geordnet werden. Sie bleiben nicht anonym. Es werden nicht alle Teilnehmer gleichermaßen einbezogen.

Wie?
Sie stellen der Gruppe eine visualisierte Frage und bitten um deren Beantwortung auf Zuruf. Am besten arbeiten Sie hier zu zweit. Ein Moderator steuert den Prozess, während der andere mitschreibt.

Wann?
Vorrangig in Schritt 2: Themen sammeln; situativ in allen Moderationsschritten

„Themenspeicher"

Wozu?
Der Themenspeicher erleichtert den Überblick über die gefundenen Schwerpunkte und bildet die Grundlage zur Weiterarbeit.

Vorteil:
Guter Überblick

Nachteile:
Die Übertragung der Themen in den Themenspeicher erfordert einen zusätzlichen Arbeitsschritt.

Wie?
Sie listen gemeinsam mit der Gruppe die Themen auf, die (weiter-)bearbeitet werden sollen. Sie sind vorab mittels Kartenabfrage oder Abfrage auf Zuruf ermittelt worden.
Die Themen werden dann der Reihe nach behandelt oder mittels Mehr-Punkt-Abfrage (siehe Seite 61) in eine Reihenfolge gebracht.

Wann?
Am Ende von Schritt 2: Themen sammeln; am Anfang von Schritt 3: Thema auswählen

4. Techniken und Methoden für eine erfolgreiche Moderation

„Mehr-Punkt-Abfrage"

Wozu?
Die Mehr-Punkt-Abfrage ist in der Moderation Ersatz für die Abstimmung. Sie eignet sich dazu, Entscheidungen herbeizuführen und Prioritäten zu setzen.

Wie?
Sie fordern die Teilnehmer auf, eine vorab visualisierte Frage durch das Kleben von Punkten zu beantworten (vgl. Abb. Seite 62). Hierbei müssen verschiedene Alternativen vorgegeben sein, beispielsweise die Oberbegriffe aus der Themensammlung, die im Themenspeicher aufgelistet sind.

Regel:
Jeder Teilnehmer erhält halb so viel Klebepunkte, wie Themen zur Wahl stehen. Pro Alternative klebt er maximal zwei Punkte.

Wann?
Schritt 3: Thema auswählen

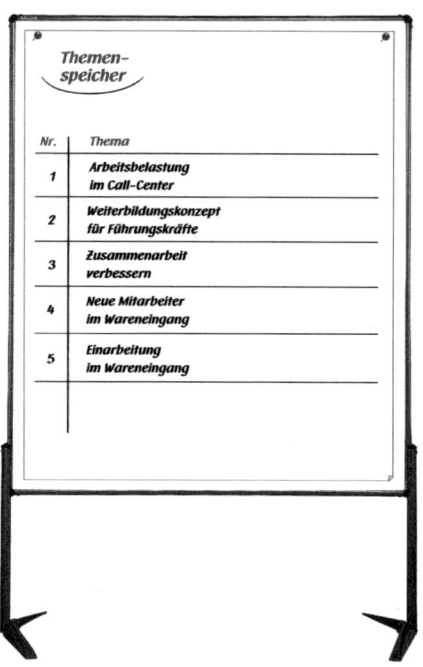

„Zwei-Felder-Tafel"

Wozu?
Diese Methode ist vor allem für die Bearbeitung eines Themas in kleinen Gruppen geeignet. Sie dient dazu, ein Thema grob zu beleuchten, mögliche Konflikte herauszuarbeiten und erste Lösungsansätze zu entwickeln.

Vorteil:
Die „Zwei-Felder-Tafel" ist einfach zu handhaben. Sie gibt eine klare Struktur vor und ermöglicht das schnelle Bearbeiten eines Themas/Problems und damit den Entwurf von Sofortmaßnahmen.

Nachteil:
Die Betrachtung wird auf die vorab gewählten Gesichtspunkte eingeengt, und eine genaue Themenbearbeitung ist nicht so leicht möglich.

Wie?
Sie stellen der Gruppe eine auf das jeweilige Thema bezogene „Zwei-Felder-Tafel" vor. Die Benennung der Felder hängt vom Thema ab. Zur Benennung eignen sich z.B. Gegensätze wie Vorteile/Nachteile einer Alternative. Wichtig ist, dass die Teilnehmer zu konkreten Antworten aufgefordert werden.
Die Teilnehmer beantworten die Fragen des jeweiligen Feldes auf Zuruf. Eine arbeitsteilige Moderation ist sinnvoll.

Hinweis: Dieses Schema eignet sich gut zur Klein-
gruppenarbeit, wenn simultan in kurzer Zeit erste
Gedanken zu einem Thema entwickelt werden sollen,
um diese dann im Plenum weiter zu bearbeiten.

Wann?
Im Schritt 4: Thema bearbeiten

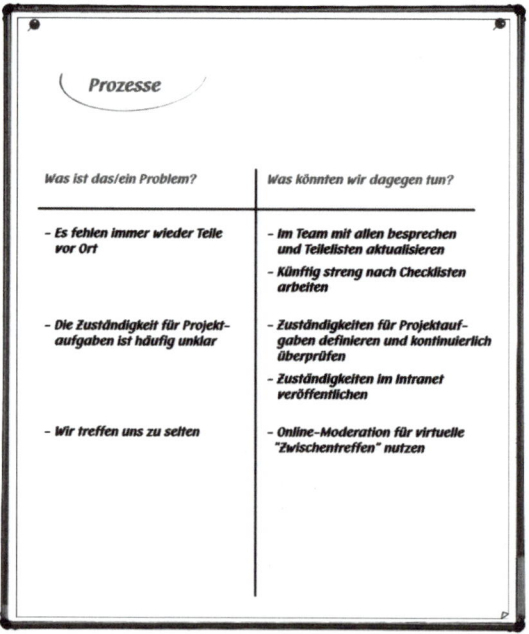

„Brainstorming"

Wozu?
Brainstorming ist wahrscheinlich die bekannteste Methode zur Ideenfindung.

Vorteil:
Finden vieler Ideen in kurzer Zeit.

Nachteil:
Für ungeübte Gruppen ist es schwierig, auf eine sofortige Bewertung der Gedanken zu verzichten.

Wie?
Stellen Sie den Teilnehmern vorab die visualisierten Grundregeln vor:
Kein Kritisieren eigener und fremder Gedanken!
Freies und ungehemmtes Äußern von Gedanken, auch von außergewöhnlichen Ideen – „Spinnen"!
Aufgreifen der Ideen anderer!
Quantität geht vor Qualität: Möglichst viele Ideen produzieren!
Anschließend visualisieren Sie eine Fragestellung und bitten die Teilnehmer um Beantwortung durch Zuruf. Alle Antworten sollten Sie mitvisualisieren. Die Ideensammlung sollte i.d.R. mindestens zehn, höchstens zwanzig Minuten dauern. Danach erfolgt die Auswertung, das heißt die Ordnung und Bewertung der Ideen. Zwischen den Phasen sollte eine Pause eingelegt werden.

Wann?
Im Schritt 4: Thema bearbeiten

„Maßnahmenplan"

Wozu?
Der Maßnahmenplan soll gewährleisten, dass die Gruppensitzung nicht ergebnislos bleibt, sondern mit konkreten Vorhaben abgeschlossen wird, zu deren Realisierung auch konkrete Maßnahmen vereinbart werden.

Wie?
Sie stellen der Gruppe eine Tabelle (Matrix) vor, deren Spalten bereits folgendermaßen beschriftet sind:
- Laufende Nummer der Maßnahme (keine Prioritäten, nur organisatorische Ordnung)
- Was? Definition der Maßnahme
- Wozu? Zielsetzung der Maßnahme
- Wer? Verantwortlicher
- Wann? Zieltermin oder Zeitraum
- Check? Art und Zeitpunkt der Rückmeldung, damit die Maßnahmen nicht „versanden".

Als Moderator müssen Sie darauf achten, dass die vereinbarten Maßnahmen möglichst konkret formuliert werden und für die Gruppe auch umsetzbar sind. Sie selbst übernehmen keine inhaltlichen Aufgaben.

Wann?
In Schritt 5: Maßnahmen planen

„Blitzlicht"

Wozu?

Diese Methode dient dazu, die augenblickliche Stimmung in der Gruppe als Momentaufnahme zu fixieren und so Störungen wie Müdigkeit, Überforderung oder Ärger transparent zu machen.

Eine weitere Anwendungsmöglichkeit ist die Tagesauswertung, die das Erleben der Gruppe bezüglich des Arbeitsergebnisses und/oder Gruppenklimas widerspiegelt.

Wie?

Das Blitzlicht wird meist ohne Visualisierung durchgeführt. Jeder Teilnehmer erhält Gelegenheit, etwas darüber zu sagen,

- wie er sich momentan fühlt
- wie zufrieden er mit dem Ergebnis ist
- wie er die Zusammenarbeit in der Gruppe erlebt hat.

Regeln:
1. Jeder hat die Möglichkeit, sich zu äußern.
2. Jeder sagt, so viel oder so wenig er mag.
3. Die Beiträge werden nicht kommentiert.

Für die Moderatoren gelten dieselben Regeln.

Wann?

Situativ in jedem Moderationsschritt; vorrangig jedoch im Schritt 6: Abschluss

In jeder Phase des Moderationszyklus bieten sich für Sie verschiedene Methoden an, um die Arbeit zu strukturieren. Zum Einstieg eignet sich zum Beispiel die „Kennenlern-Matrix". Mit einer „Kartenabfrage" oder einer „Abfrage auf Zuruf" können die Teilnehmer Themen sammeln. Mit der „Mehr-Punkt-Abfrage" lassen sich gefundene Themen hierarchisieren und in einem „Themenspeicher" zur weiteren Bearbeitung festhalten. Der eigentlichen Problembearbeitung dient beispielsweise die „Zwei-Felder-Tafel". Möglichst viele Ideen in kurzer Zeit finden Sie durch „Brainstorming". Zum abschließenden Feedback können Sie ein „Blitzlicht" einsetzen.

30

4.2 Fragetechnik

Der Moderator kann seine Aufgabe nur aus einer „Fragehaltung", keineswegs aus einer „Sage-" oder „Besserwisserhaltung" heraus bewältigen. Einerseits dienen Fragen dem Einstieg in jeden Arbeitsschritt, andererseits führt geschicktes Nachfragen das Gespräch weiter, wenn es Unklarheiten gibt oder wenn Konflikte entstehen und die Arbeit „festgefahren" zu sein scheint. Fragen und Nachfragen dienen dazu, das Gespräch in Gang zu bringen und Gesprächsblockaden aufzulösen.
Fragen ermöglichen es,

- alle Teilnehmer einzubeziehen
- Wissen der Gruppenmitglieder offen zu legen

- Arbeitsschritte abzustimmen
- Stimmungen transparent zu machen
- Gruppenkonsens herzustellen.

Gute Moderationsfragen

Als guter Moderator fragen Sie möglichst einfach, damit Ihre Fragen auf Anhieb von allen verstanden werden. Fragen Sie also beispielsweise nicht: „Welche Tätigkeiten übt ein Agrarökonom aus?", sondern: „Was macht ein Bauer?".

Ihre Fragen müssen ferner zielgerichtet sein, denn Sie wollen ja mit der Gruppe Ergebnisse erzielen. Die Frage „Wie wahrscheinlich ist es, dass Sie zur Betriebsratswahl gehen?" ist weniger zielgerichtet als die direkte Frage „Gehen Sie zur Betriebsratswahl?".

Natürlich dürfen Sie als Moderator nur konstruktive Fragen stellen. Sie möchten ja ein positives Gruppenklima schaffen. Eine Moderationsfrage sollte daher nicht lauten: „Wer verursacht bei uns die Probleme im Wareneingang?" (Schuldzuweisung), sondern: „Wodurch entstehen bei uns Probleme im Wareneingang?" (Sachproblem).

Wichtige Fragen sollten Sie immer visualisieren!

Nachfragen

Durch gezieltes Nachfragen können Sie unspezifische Begriffe und Allgemeinplätze konkretisieren und damit die Teilnehmer immer wieder zur Sacharbeit zurückführen. Wenn zum Beispiel jemand äußert:: „Das ist mir zu ungenau", fragen Sie nach: „Was meinen Sie mit ‚ungenau'?", „Was konkret ist Ihnen zu ungenau?". Auch Blockaden können Sie so überwinden. Sagt zum Beispiel ein Teilnehmer: „Das geht nicht!", fragen Sie ihn: „Was genau geht Ihrer Ansicht nach nicht?", „Was müssten wir tun, damit es geht?". Implizite Annahmen lassen sich durch gezieltes Nachfragen ebenfalls überprüfen. Auf den Einwurf: „Der will doch bloß nicht!" können Sie mit „Was veranlasst Sie zu dieser Annahme? Hat er das gesagt?" reagieren.

Die zurückgegebene Frage

Sie ist keine eigenständige Frageform, sondern eine spezifische Art, mit Fragen umzugehen. In der Moderation spielt sie eine große Rolle. Eine Frage, die auf Inhalte gerichtet ist, gibt der Moderator an die Gruppe weiter (zurück).

Beispiel: Frage aus der Gruppe: „Müssten wir diesen Punkt nicht mit dem Chef besprechen?" Moderator: „Was meinen die anderen, müssten wir diesen Punkt mit dem Chef besprechen?"

Beispielfragen zu den Sachphasen im Moderationszyklus

Phase 1: Einsteigen
- „Wie gut sind Sie über unser Thema schon informiert?"
- „Was ist Ihnen für die heutige Sitzung (besonders) wichtig?"

Phase 2: Sammeln
- „Worüber müssen wir heute sprechen?"
- „Welche Themen stehen an?"
- „Was müssen wir heute noch klären?"

Phase 3: Auswählen
- „Welche Themen sollen wir vorrangig bearbeiten?"
- „Was müssen wir am dringendsten bearbeiten?"
- „Womit sollen wir anfangen?"

Phase 4: Bearbeiten
(themen-, methodenabhängig), zum Beispiel:
- „Was ist (immer wieder) ein Problem?"
- „Was können wir (als ersten Schritt) dagegen tun?"

Phase 5: Planen
- „Was werden wir nun ganz konkret tun?"
- „Wer macht was, mit welcher Zielsetzung und bis wann?"

Phase 6: Abschließen
- „Wie zufrieden sind Sie mit dieser Sitzung?"
- „Haben wir heute unser ´Klassenziel´ erreicht?"

Die Frage ist neben der Visualisierung Ihr wichtigstes Handwerkszeug als Moderator. Ihre Fragen sollen einfach, zielgerichtet und konstruktiv sein. Mit sinnvollen Fragen können Sie die Teilnehmer einbeziehen, Arbeitsschritte abstimmen, Blockaden auflösen, das Gespräch in Gang halten und die Teilnehmer immer wieder zur Sacharbeit zurückführen.

4.3 Schwierige Situationen meistern

Konflikte treten in Gruppen natürlicherweise immer wieder auf, auch in moderierten Gruppen. Sie müssen bearbeitet werden! Unter den Teppich gekehrte Konflikte gären weiter und erschweren den Arbeitsprozess, machen eine tragfähige Sachlösung eventuell unmöglich. Konflikte können schon vor der Veranstaltung entstanden sein. Sie werden dann in die Gruppe hineingetragen. Aber es gibt auch Konfliktursachen, die erst in der aktuellen Gruppensituation entstehen. Ein Konflikt kann offen zutage treten, etwa in einem offenen Streit, oder verdeckt unter der Oberfläche schwelen, so dass er nur indirekt an beobachtbaren Anzeichen erkennbar ist. Sie sind als Moderator gefragt, Konflikte rechtzeitig zu erkennen und mit ihnen umzugehen.

Typische Konfliktursachen
- Missverständnisse: Die Gruppenmitglieder reden aneinander vorbei.
- Unterschiedliche Zielvorstellungen: Die Gruppe kann sich nicht auf ein gemeinsames Ziel einigen.
- (Scheinbare) Unlösbarkeit von Aufgaben: Die Gruppe hat den Eindruck, dass sie bestimmte Probleme nicht lösen kann.
- Persönliche Frustration: Jemand kommt nicht zu Wort, darf nicht rauchen ...

- Unterschiedliche persönliche Bedürfnisse: A will eine Pause, B will weitermachen.
- Ungünstiges Kommunikationsverhalten: Jemand kommt dauernd zu spät, beschuldigt grundsätzlich andere ...

Anzeichen für einen Konflikt

- Einzelne engagieren sich nicht in der gemeinsamen Arbeit.
- Argumente werden mit großer Heftigkeit vorgetragen.
- Gruppenmitglieder sind ungeduldig miteinander.
- Die Teilnehmer sind nicht (mehr) bereit, aufeinander einzugehen.
- Teilnehmer äußern Zweifel am Sinn der Veranstaltung, wirken frustriert.
- Es sind subtile persönliche Angriffe, „Spitzen" erkennbar.

Jeder Konflikt ist eine Herausforderung für den Moderator. Er muss ihn bewältigen. Wie, hängt von der Art des Konfliktes ab. Hier einige Beispiele für Konfliktursachen und Konfliktbewältigungsstrategien:

Falsche Zusammensetzung der Gruppe

Sie gehen als Moderator davon aus, dass zur Lösung von Problemen jeweils die richtigen Leute zusammenkommen, das sind die Betroffenen oder deren Stellvertreter. Stellen Sie fest, dass eine entscheidende Person fehlt oder stattdessen Leute anwesend sind, die inhaltlich „keinerlei Aktien" haben, so müssen Sie die Arbeit unterbrechen, dieses Dilemma zum Thema machen und mit der Gruppe nach einer Möglichkeit zur Weiterarbeit suchen. Es kann sein, dass die Veranstaltung ganz abgebrochen und ein neuer Termin mit richtiger Besetzung anberaumt werden muss.

Keine Akzeptanz der Vorgehensweise

Wenn die Gruppe den von Ihnen vorgeschlagenen Weg zur Problembearbeitung nicht akzeptiert, hat es keinen Sinn, gegen diesen Widerstand anzuarbeiten. Sie müssen nach den Gründen fragen und einen neuen Weg überdenken. Allerdings sollten Sie sich nicht unnötig und vorzeitig von Ihrer Methode abbringen lassen. Methodikdiskussionen sind oft sehr unfruchtbar.

Die Gruppe „dreht sich im Kreis"

In diesem Fall ist es das Beste, getreu dem Motto „Lieber ein Ende mit Schrecken als ein Schrecken ohne Ende", einen Schnitt zu machen und neu zu starten. Sie sollten die Situation offen ansprechen: „Ich habe den Eindruck, wir drehen uns im Kreis. Ich schlage deshalb vor, wir unterbrechen die Arbeit an dieser Stelle und versuchen nach einer kurzen Pause mal was anderes – o.k.?"

Zeitnot

Wenn Sie merken, dass die Gruppe in Zeitnot gerät, machen Sie sie rechtzeitig darauf aufmerksam, um gemeinsam das weitere Verfahren zu überlegen. Die Gruppe kann

- die Veranstaltung verlängern
- Arbeitsaspekte an Untergruppen delegieren
- eine Folgeveranstaltung vereinbaren.

Persönliche Angriffe

Kommt es in der Gruppe zu persönlichen Angriffen in Form von unsachlichen oder emotional heftigen, ironischen oder beleidigenden Äußerungen gegenüber anderen Gruppenmitgliedern oder dem Moderator, sollten Sie versuchen, den entsprechenden Beitrag zu versachlichen. Dies bedeutet, dass Sie nicht mit Zurechtweisungen reagieren, sondern den Beitrag ernst nehmen und gezielt nachfragen (siehe Seite 70), wie das Gesagte zu verstehen und wo der Zusammenhang zum Thema sei. Lässt sich das Verhalten hierdurch nicht abstellen, sollten Sie in der nächsten Pause das Gespräch mit den Betroffenen suchen oder die sachliche Arbeit bewusst unterbrechen und die Störung zum Thema machen. Hierzu können sie beispielsweise das „Feedback" (siehe Seite 77) einsetzen.

Ein Vielredner dominiert die Gruppe

Menschen, die sich gern reden hören, kommen in fast jeder Gruppe vor. Hier müssen Sie gezielt gegensteuern, indem Sie

- die Beiträge unterbrechen und sich bemühen, diese durch Nachfragen (siehe Seite 70) „auf den Punkt" zu bringen

- den Kern des Beitrages mitvisualisieren
- die Gruppe zum Gesagten Stellung nehmen lassen
- einzelne Beiträge gar nicht erst zulassen, indem Sie gezielt andere Teilnehmer, zum Beispiel „Stille", ansprechen.

Gezielt Feedback geben

Nach der Regel „Störungen haben Vorrang" (siehe Seite 19) sollten Sie Konflikte thematisieren und der Gruppe Rückmeldung geben, wie Sie diese erleben. Wichtig ist dabei, dass es sich um eine Störung handelt, die den Arbeitsprozess beeinträchtigt, und dass Sie diese sachlich ansprechen. Vorübergehendes Störverhalten, beispielsweise kurze Unaufmerksamkeit Einzelner, können Sie ruhig übergehen oder lediglich mit einem „strafenden Blick" ahnden. Wenn störendes Verhalten anhält, müssen Sie dies jedoch „offiziell" machen, indem Sie

- eine Störung anmelden: „Ich habe da ein Problem ..."
- sagen, was Sie momentan konkret stört: „Herr Meier, Sie sind seit zehn Minuten am Schreiben."
- sagen, was die Störung in der Gruppe oder bei Ihnen bewirkt: „Ihre Nebentätigkeit lenkt mich ab, und Sie fallen mit Ihrem Know-how für die Gruppe aus."
- eine Bitte äußern, ein Angebot machen: „Bitte machen Sie wieder mit!"
- vereinbaren, wie es weitergeht: „Ist das für Sie möglich, ja?"
- für Einverständnis danken: „Danke!"

„Ziel-Review"

Wenn Sie den Eindruck gewinnen, dass die Gruppe vom Thema abkommt und sich auf Nebenschauplätzen verliert, sollten Sie dies mit einem Ziel-Review ansprechen. Fragen Sie die Gruppe: „Entschuldigung, darf ich grad mal klären, ob wir noch auf Zielkurs sind?"; „Wenn ich das richtig sehe, sind wir gerade dabei, die Frage zu klären, ..."; „Müssen wir dazu jetzt das Thema ... vertiefen?" Damit zwingen Sie die Teilnehmer zum Innehalten. Dadurch wird eine Kurskorrektur einfacher.

Eine Pause machen

Jede Pause ist eine Zäsur. Die momentane Situation und damit die Kommunikationsstruktur wird aufgelöst. Nach einer Pause kann neu begonnen werden. Pausengespräche können zudem die Atmosphäre auflockern. Auch durch eine Pause kann daher ein Konflikt oder eine festgefahrene Situation gelöst werden.

- *Für jeden Moderationsschritt innerhalb des Moderationszyklus eignen sich spezielle Methoden. Insbesondere durch Visualisierung der einzelnen Schritte machen Sie den Teilnehmern Ihre Vorgehensweise transparent.*

- *Sie leiten eine Moderation vor allem durch Fragen; wichtig sind hier besonders Fragen, die die Teilnehmer einbeziehen, z. B. zurückgegebene Fragen.*

- *Kommt es innerhalb der Gruppe zu Konflikten, müssen Sie dazu beitragen, diese zu bewältigen, indem Sie sie ansprechen, den Teilnehmern bewusst Rückmeldung geben und gemeinsam mit ihnen eine Lösung suchen. Ein Ziel-Review hilft der Gruppe, sich nicht zu verzetteln, sondern zurück zum Thema zu finden.*

- *Zur konstruktiven Strukturierung des Arbeitsprozesses und bei Störungen ist es manchmal sinnvoll, bewusst eine Pause einzulegen.*

30 MINUTEN

Wissen Sie, welche Medien für Moderationen besonders geeignet sind?

Seite 81

Welches Medium setzen Sie bei großen Gruppen ein?

Seite 84

Welche Hilfsmittel benötigen Sie, um Medien sinnvoll nutzen zu können?

Seite 84

5. Medien: Hilfestellung für eine gelungene Moderation

Ein Bild sagt mehr als tausend Worte – die Visualisierung ist neben der Fragetechnik (siehe Seite 69) das wichtigste Instrument des Moderators. Zur Visualisierung benötigen Sie einerseits inhaltliche Elemente, mit denen Sie Informationen logisch aufbauen können, und andererseits Medien, auf denen die Visualisierung physikalisch entsteht. Aus diesen Bausteinen „komponieren" Sie eine Gesamtdarstellung.

Die in der Moderationspraxis am häufigsten verwendeten Medien sind:

- Pinnwand und Pinnwandpapier
- Flipchart-Ständer mit Flipchart-Bögen
- Overheadprojektor mit Folie bzw. PC und Beamer
- Hilfsmittel wie Karten, Stifte ...

Die Informationsträger unterscheiden sich in ihrer Brauchbarkeit je nach Anlass und Zweck des Einsatzes.

Die Pinnwand

Die Pinnwand ist das Medium zur Gestaltung von Meinungs- und Willensbildungsprozessen in Gruppen. Mit Pinnwandpapier bespannt bietet sie großzügig die Möglichkeit zur Visualisierung, und durch die weiche Pinnfläche kann die Gruppe zusätzlich auch mit Karten arbeiten. Sie wird mit speziellen Filzstiften beschriftet. Die „Normalversion" ist leicht transportierbar und kann frei im Raum platziert werden. Die „Wandversion" wird fest an die Wand geschraubt, und die „Reiseversion" kann zusammengeklappt und im Auto transportiert werden. Mit der Pinnwand kann man Gruppen bis zu zwanzig Teilnehmern sehr gut „bedienen".

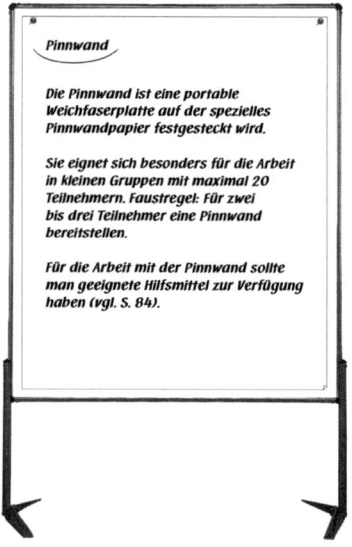

Pinnwand

Die Pinnwand ist eine portable Weichfaserplatte auf der spezielles Pinnwandpapier festgesteckt wird.

Sie eignet sich besonders für die Arbeit in kleinen Gruppen mit maximal 20 Teilnehmern. Faustregel: Für zwei bis drei Teilnehmer eine Pinnwand bereitstellen.

Für die Arbeit mit der Pinnwand sollte man geeignete Hilfsmittel zur Verfügung haben (vgl. S. 84).

Das Flipchart

Das Flipchart ist von der Visualisierungsfläche her eine „kleine Pinnwand" und wird beim Einsatz eines Adhäsivklebers zur „Quasi-Pinnwand". Diese Kombination eignet sich besonders zum Arbeiten in kleinen Gruppen „am runden Tisch" und überall dort, wo aus Platz- oder sonstigen Gründen eine Pinnwand nicht passt. Zur Beschriftung des Papiers eignen sich ebenfalls Filzstifte. Flipcharts und entsprechendes Papier gibt es in fast jedem Besprechungsraum. Es gehört auch in Zeiten von Notebook und Beamer zur Standardausrüstung.

Der Beamer

Der Beamer ist ein Digitalprojektor, mit dem man Darstellungen – meist werden diese in Anlehnung an Overheadfolien auch als „Folien" bezeichnet – direkt aus dem PC auf eine Projektionsfläche projiziert. Meist werden diese Folien mit Spezialsoftware wie etwa „PowerPoint" oder „Keynote" erstellt. Der „Umweg" des Ausdruckens und Auflegens von Folien auf einen Overheadprojektor wird immer seltener. Mit dem Beamer haben die Bilder für eine Präsentation „laufen gelernt". Visualisierungen können dynamisch gestaltet werden. Texte und Grafiken werden ganz oder teilweise ein- oder ausgeblendet, „weggepixelt", Sprach-, Musik- oder gar Filmsequenzen werden eingebaut ... Der Übergang zum Film ist fließend. Die Steuerung erfolgt per Maus oder Fernbedienung. Online-Tools ermöglichen das Erstellen und Projizieren von Präsentationen via Internet.

Die Hilfsmittel

In einem so genannten Moderatorenkoffer sind verschiedene Hilfsmittel zur Visualisierung untergebracht: Filzstifte in unterschiedlichen Farben, Moderationskarten in verschiedenen Farben und Formen, Nadeln, Klebepunkte, Klebestifte, eine Schere sowie eine Rolle Klebeband. Bezugsquelle z.B. www.moderatorenShop.de

Medien sind die Informationsträger zur Visualisierung:

- *Bei der Moderation eignen sich je nach Thema und Gruppengröße Pinnwand oder Flipchart.*
- *Für Informationsparts kommt auch der Overheadprojektor bzw. der Beamer zum Einsatz.*
- *Als Hilfsmittel dienen Filzstifte, farbige Karten in verschiedenen Formen, Klebepunkte, Nadeln und/oder Klebestift.*

30

Fast Reader

1. Moderation: Was es ist und worauf es ankommt

Moderation kommt vom lateinischen „moderatio".
Der Begriff wird heute verwandt für eine spezielle
Art, Gruppengespräche zu leiten. Es kommt dabei
darauf an, die Gruppe sowohl in der Sacharbeit
als auch im emotionalen Miteinander „neutral" zu
leiten.
Dies ist die Aufgabe des Moderators. Er soll die
Gruppe zu Ergebnissen zu führen. Dabei muss er
alle einbeziehen und dafür sorgen, dass niemand
die Gruppe dominiert – auch nicht er selbst. Ist er
als Einladender, Projektleiter oder Vorgesetzter in-
haltlich Beteiligter, so muss er in besonderem
Maße auf Neutralität achten.
Moderation ist für ein Gruppengespräch prinzipi-
ell sinnvoll und hilfreich. Ein „neutraler Dritter"
sollte herangezogen werden, wenn es gilt, einen
großen Personenkreis zu moderieren, wenn der

Arbeitsprozess „festgefahren" ist und wenn es um die Bearbeitung von Konflikten geht.

- **Moderation ist die zielgerichtete und ergebnisorientierte Leitung einer Gruppe durch einen neutralen Moderator.**
- **Der Moderator ist methodischer, nicht fachlicher Experte, der der Gruppe hilft, arbeitsfähig zu sein und zu bleiben.**
- **Der inhaltlich beteiligte Moderator muss sich mithilfe entsprechender Techniken um Neutralität bemühen.**
- **Regeln sind Normen für das Miteinander in einer Gruppe. In einer moderierten Gruppe sind folgende Regeln besonders wichtig: sich für den Erfolg des Ganzen mitverantwortlich fühlen, für sich selbst sprechen, andere ausreden lassen, sich anderen immer direkt mitteilen, sich kurz fassen, Störungen vorrangig behandeln.**

2. Vorbereitung einer Moderation

Der Moderator leitet das Gruppengespräch vor allem durch Fragen. (Gute) Fragen können Sie aber nur stellen, wenn Sie inhaltlich mitdenken können. Machen Sie sich deshalb vorab in der Sache „so schlau wie möglich" und planen Sie den methodischen Weg, auf dem Sie die Gruppe zum Ziel führen wollen.

Das Wichtigste ist dabei die Klärung der Zielsetzung. Das, was am Ende der Moderation erreicht sein soll (Moderationsziele), unterscheidet sich von dem, was später konkret inhaltlich umgesetzt werden muss (Mittel- und Langfristziele).

Effektive Moderation lebt von der Struktur, die der Moderator schafft. Überlegen Sie sich deshalb vorab, welche Teilnehmer mit welcher Erwartung und welcher Vorerfahrung kommen werden, was die Zielsetzung der Zusammenkunft insgesamt ist und wie Sie die Gruppe zum Ziel führen können. Verwenden Sie zur Strukturierung einen Moderationsplan, in dem Sie für alle Phasen des Moderationsablaufs Ziel, Methodik, Hilfsmittel, Zeitrahmen und Arbeitsaufteilung festlegen.

Sorgen Sie für eine perfekte Organisation! Tun Sie alles, damit die Teilnehmer zum Zeitpunkt der Einladung alles wissen, was sie wissen müssen, von der Anreise über die Zielsetzung bis zur Zeitplanung und ggf. den Freizeitmöglichkeiten. Verschicken Sie die Einladungen frühzeitig. Kümmern Sie sich rechtzeitig um die passenden Räumlichkeiten mit entsprechender Größe und Ausstattung. Und: Sorgen Sie dafür, dass Sie sicher alle Medien zur Verfügung haben und diese aktuell auch auf Funktion geprüft wurden!

*Eine gute Vorbereitung ist das A und O einer Mo-
deration:*

- *Bei der inhaltlichen Vorbereitung klären Sie die
  Zielsetzung des Treffens und stellen sich auf die
  Teilnehmer ein.*
- *In der methodischen Vorbereitung erstellen Sie
  einen Moderationsplan für den Ablauf der Moderation, in dem Sie für jeden Moderationsschritt Teilziele und passende Methoden festlegen sowie den Zeitbedarf einplanen. Hier müssen Sie sich gegebenenfalls mit einem
  Co-Moderator abstimmen.*
- *In der organisatorischen Vorbereitung überprüfen Sie vorab den Zeitrahmen, die Raumplanung und den Medieneinsatz.*
- *Schließlich müssen Sie sich persönlich vorbereiten, indem Sie auf Ihre Fitness achten und
  sich mit den Räumlichkeiten vertraut machen.*

3. Durchführung einer Moderation

*Kommunikation läuft immer auf zwei Ebenen
gleichzeitig ab. Als Moderator müssen Sie daher
den „Inhalts- oder Sachprozess" und den „Bezie-
hungs- oder Gruppenprozess" gleichzeitig geschickt steuern!*

Eine gute Moderation besteht aus sechs Schritten: Beim Einstieg müssen Sie Teilnehmererwartungen, Zielsetzung und Methodik klären und für eine positive Einstimmung sorgen. Der zweite Moderationsschritt „Themensammlung" führt zu ersten inhaltlichen Schwerpunkten. Im dritten Schritt helfen Sie den Teilnehmern, eine Rangfolge der zu bearbeitenden Themen festzulegen. Im vierten Moderationsschritt müssen Sie eine möglichst konkrete Themenbearbeitung sicherstellen, indem Sie die Aufmerksamkeit der Teilnehmer auf die Zielsetzung der Arbeit und das gewählte methodische Vorgehen konzentrieren. Im Maßnahmenplan legen Sie gemeinsam mit der Gruppe das weitere Vorgehen fest. Am Schluss lassen Sie die Teilnehmer den Arbeitsprozess reflektieren. Sie sollten für einen positiven Ausklang sorgen.

In der Moderation sind zwei nebeneinander laufende Prozesse bestimmend: der Sachprozess und der Gruppenprozess.
- **Der Sachprozess besteht aus sechs Schritten: Einstieg, Themensammlung, Themenauswahl, Themenbearbeitung, Maßnahmenplanung, Abschluss.**
- **Der Gruppenprozess hat drei Phasen: Orientierung, Arbeiten, Abschließen. Hier ist der Moderator vor allem als Psychologe gefragt.**

4. Techniken und Methoden für eine erfolgreiche Moderation

In jeder Phase des Moderationszyklus bieten sich für Sie verschiedene Methoden an, um die Arbeit zu strukturieren. Zum Einstieg eignet sich zum Beispiel die „Kennenlern-Matrix". Mit einer „Kartenabfrage" oder einer „Abfrage auf Zuruf" können die Teilnehmer Themen sammeln. Mit der „Mehr-Punkt-Abfrage" lassen sich gefundene Themen hierarchisieren und in einem „Themenspeicher" zur weiteren Bearbeitung festhalten. Der eigentlichen Problembearbeitung dient beispielsweise die „Zwei-Felder-Tafel". Möglichst viele Ideen in kurzer Zeit finden Sie durch „Brainstorming". Zum abschließenden Feedback können Sie ein „Blitzlicht" einsetzen.

Die Frage ist neben der Visualisierung Ihr wichtigstes Handwerkszeug als Moderator. Ihre Fragen sollen einfach, zielgerichtet und konstruktiv sein. Mit sinnvollen Fragen können Sie die Teilnehmer einbeziehen, Arbeitsschritte abstimmen, Blockaden auflösen, das Gespräch in Gang halten und die Teilnehmer immer wieder zur Sacharbeit zurückführen.

- *Für jeden Moderationsschritt innerhalb des Moderationszyklus eignen sich spezielle Methoden. Insbesondere durch Visualisierung der einzelnen Schritte machen Sie den Teilnehmern Ihre Vorgehensweise transparent.*

- *Sie leiten eine Moderation vor allem durch Fragen; wichtig sind hier besonders Fragen, die die Teilnehmer einbeziehen, z. B. zurückgegebene Fragen.*
- *Kommt es innerhalb der Gruppe zu Konflikten, müssen Sie dazu beitragen, diese zu bewältigen, indem Sie sie ansprechen, den Teilnehmern bewusst Rückmeldung geben und gemeinsam mit ihnen eine Lösung suchen. Ein Ziel-Review hilft der Gruppe, sich nicht zu verzetteln, sondern zurück zum Thema zu finden.*
- *Zur konstruktiven Strukturierung des Arbeitsprozesses und bei Störungen ist es manchmal sinnvoll, bewusst eine Pause einzulegen.*

5. Medien: Hilfestellung für eine gelungene Moderation

Medien sind die Informationsträger zur Visualisierung:

- *Bei der Moderation eignen sich je nach Thema und Gruppengröße Pinnwand oder Flipchart.*
- *Für Informationsparts kommt auch der Overheadprojektor bzw. der Beamer zum Einsatz.*
- *Als Hilfsmittel dienen Filzstifte, farbige Karten in verschiedenen Formen, Klebepunkte, Nadeln und/oder Klebestift.*

Weiterführende Literatur

- Seifert, Josef W.: Besprechungen erfolgreich moderieren. 12. Auflage, Offenbach: GABAL 2010

- Seifert, Josef W.: Moderation & Kommunikation. 7. Auflage, Offenbach: GABAL 2009

- Seifert, Josef W.: Moderation & Konfliktklärung. 1. Auflage, Offenbach: GABAL 2009

- Seifert, Josef W. / Bettina Kerschbaumer: 30 Minuten Online-Moderation. 1. Auflage, Offenbach: GABAL 2011

- Seifert, Josef W.: Visualisieren, Präsentieren, Moderieren. 30. Auflage, Offenbach: GABAL 2011

- Seifert, Josef W.: Besprechungsmoderation. 2. Auflage, Offenbach: GABAL 1995

- Stahl, Thies: Neurolinguistisches Programmieren (NLP). Mannheim: PAL 1994

- Watzlawick, Paul u.a.: Menschliche Kommunikation. Göttingen: Huber 1996

Register